陶雨晴

生物演化的45堂公開課

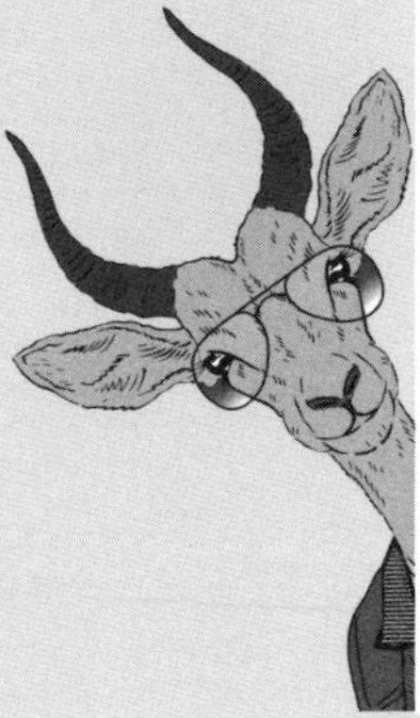

從不可思議到原來如此

自序　適我無非新

三春啟群品，寄暢在所因。
仰望碧天際，俯瞰綠水濱。
寥朗無涯觀，寓目理自陳。
大矣造化功，萬殊莫不均。
群籟雖參差，適我無非新。

這是在西元三五三年，王羲之在蘭亭（位於今浙江紹興）舉辦祈福儀式「修禊」（也有遊樂的性質）時，寫下的一首詩。同時誕生的還有著名的《蘭亭集序》。在廣闊的天地、繁盛的萬物中體悟「玄理」，在當時非常流行。

有趣的是，一八五九年首次出版的《物種起源》（*On the Origin of Species*），在結尾的一段，達爾文表達了與王羲之極其神似的觀點。瞻望樹木蔥蘢河岸，鳥飛蟲走，萬物彼此相異又共存，這一切都遵守自然的「法則」——演化論——而運行著，這種看待萬物的方式，既是有趣的，又是壯麗的。

隨著科技的發展，我們對宇宙的認識加深，開始意識到人類的渺小。所知如此之少，未知如此之多，而且通過傳統認知工具得到的結果往往與我們的直覺相反。因此，難免有人心生畏縮與恐懼，甚至憎惡與絕望。對此，我開出的藥方是，我們應該回到認識的原點，從格物致知開始。

人們以為，在我們能看見的萬事萬物之外存在著指示萬物運行軌道的「客觀規律」，這種規律能通過觀察事物而得出。當然，用以認識規律的辦法，有一些比較接近客觀真理，有一些就是荒誕不經（例如，認為「寓目」，「理」就可以「自陳」），但「格物而致知」的基本方法，卻是不約而同的。

這種觀察萬物而通往「知」的視角，可以按照達爾文的用詞，稱為「壯麗」。萬物繁多，卻被一理貫之，如萬里長河從一個泉源湧出，滔滔不絕。瞭解了客觀規律，再觀看萬物，人類的觀察探索之中充滿驚喜以及對自己所掌握知識的自豪。

我們比以往任何一個時代對世界的瞭解更多，訊息的交流更不受拘束。無論訊息還是實物，我們面臨著前所未有的廣大和豐富。「群籟雖參差，適我無非新」，人類應該修練的一種胸襟和氣量，是面對廣大紛繁的世界，持歡喜迎接的態度。正如同有著鯊魚和鯨魚的大海，要比只有鹹水的大海更能吸引遊客。一個充滿豐富現象和規律的宇宙，對於相信世界可知，又不失好奇心的人來說，也可以是一件好事。

陶雨晴　二〇一八年四月

目錄

01

為什麼醜男不會絕子絕孫？為什麼雌松雞鍾情雄松雞花哨不實用的尾巴呢？為什麼動物會炫耀自己華麗的特徵、不怕因此提升自己被獵擊的機率呢？

寄言全盛紅顏子，應憐半死白頭翁。
此翁白頭真可憐，伊昔紅顏美少年。
——劉希夷〈代悲白頭翁〉

崇拜美麗的世界

這個題目難免會招來一些憤怒：醜男何處來？這問題有什麼好問的？搞清楚美男在哪更重要！且慢，在這個牛人吃肉、熊人喝湯的世界裡，美男兒孫滿堂，醜男打一輩子光棍，按理說醜男早就該絕嗣了。醜男居然一直存在，真的是個問題。

不過，我說的不是人類，而是鳥類……

北美草原上的艾草松雞（學名 *Centrocercus urophasianus*）是世界上最崇尚「看臉」的動物之一。每當春天，雄松雞就會六七十隻一群，聚集在空地上，各自占領一小塊領地，展示自己的華麗婚服。雄松雞高視闊步，尾巴展開成一把摺扇，昂首挺胸，露出胸前一大捧雪白的茸毛，胸前兩個渾圓的黃色氣囊，好像一盤煎雙蛋。雄松雞使勁把這兩個氣囊裡的氣擠掉，會發出「咕咚」一聲巨響，以壯聲勢。雄松雞搔首弄姿時，衣著樸素的雌松雞陸續到場，選擇如意郎君。

在我們看來，這場面很像一場明星選秀節目，科學家把這種雄性動物的比賽，稱為「求偶場」（Lek）。有求偶場習慣的鳥類，雄鳥都有極其誇張的裝飾和非常激烈的繁殖競爭。最受歡迎的「美男子」，一個早上就能獲得幾十次婚配的機會，而大多數相貌平庸的倒楣松雞，則是一無所獲。

在自然界裡，為了繁殖，動物發展出各式各樣的方法，對異性進行炫耀，有的舉行山歌會，有的拚死搏鬥，有的披上最燦爛的顏色，有的表演驚心動魄的雜技，園丁鳥甚至發展出了「藝術」。雄鳥用草搭一個全無用途的「房子」，四周擺滿色彩鮮豔的東西，花朵、野果、甲蟲翅膀，甚至瓶蓋。雌鳥會受到這個古怪的展覽的吸引，飛來與雄鳥喜結良緣。雄園丁鳥還懂得嫉妒，如果有別的雄鳥在牠的「房子」附近舉辦展覽，牠會偷偷飛過去，叼走情敵的飾品。

好看還是實用？

扇形尾巴和荷包蛋模樣的胸脯，不僅普通人看起來奇怪，也對達爾文提出了挑戰。按理說，生存競爭是殘酷的，動物應該沒有精力研究藝術之美，為什麼雌松雞鍾情於花哨不實用的裝飾呢？發展這些「繡花枕頭」般的特徵，難道不會浪費寶貴的營養，或者降低逃走的速度，害牠們被凶禽猛獸吃掉嗎？

為此演化生物學家絞盡了腦汁。一個解釋松雞尾巴存在的理論，是偉大的英國數學家和生物學家羅納德．愛爾默．費雪（Ronald Aylmer Fisher）提出的。他的答案很簡單：漂亮的尾羽也許是繡花枕頭，但只要大多數的雌松雞，都喜愛漂亮的雄松雞，雌松雞選擇繡花枕頭就是合理的。喜愛美男子的雌松雞，生的兒子也會是美男，這樣她的兒子就會迷倒眾多雌松雞，給她帶來許多孫子孫女。如果她偏愛比較樸素的雄松雞，生的兒子不好看，將來她的子孫也會很稀少。

所以，雄松雞「長出華而不實的尾羽」的基因和雌松雞「喜歡華而不實的尾羽」的基因，手牽手邁向下一代。如今，只有崇尚美男的雌松雞和華而不實的雄松雞存留於世。

另外一種解釋比較樸實剛健，是以色列的動物學家阿莫茨．扎哈維（Amotz Zahavi）提出。他認為**雄性動物能負擔得起許多累贅的裝飾品仍然好好地活著，正說明牠們的傑出**。這很像日本少年漫畫裡，英雄在修練武功時身背負重，或者在腳上綁著鉛袋，在觀眾看來，這些負重是他們強壯和英勇的最好證據。同樣的道理，雄松雞炫耀華而不實的尾羽，正是在表明自己是健壯、聰明、免疫力出色的雄性。

物理學上的醜男

好了，我們回到最早的問題。漂亮的雄松雞妻妾成群，身後會留下許多和牠一樣的英俊子嗣，這樣下去用不了幾代，所有的雄鳥都會變得一樣英俊。雖然美男多不是件壞事，但如果醜男斷子絕孫，誰又來當美男的綠葉呢？

製造尾羽和其他漂亮特徵的配方——生物的基因，常常會產生突變，也許是因為宇宙射線轟炸，也許是基因複製時本身產生的錯誤。突變大多是無害無益的，但也有一些突變會引起遺傳病，例如色盲症。雄松雞美麗的丰姿，需要許多基因配合才能製造出來，這個過程非常精妙，也非常容易出錯。**也許就是基因突變把美男變成了醜男**。

這個答案看似有理，然而太簡單了，它是物理學的答案，不是生物學的答案，更不是演化論的答案。想要找到更複雜的答案，我們還要在生物的世界裡深挖一層。

紅色皇后的腳步

美國演化生物學家威廉・唐納・漢彌爾頓（William Donald Hamilton）是偉大的學者，也是費雪的「雌松雞喜歡漂亮雄松雞是因為她們的兒子也會很漂亮」理論的支持者。他在解釋「醜男何處來」的問題時，邁出很大的一步：他解釋了為什麼生物需要有性繁殖。

有性繁殖規定了，要兩個生物才能產生後代，無性繁殖的效率比它高一倍，所以男歡女愛真的是一種很奢侈的東西。漢彌爾頓的解釋是，美國生物學家利・范・凡威倫（Leigh Van Valen）提出的「紅皇后假說」（Red Queen Hypothesis）。

這個奇怪（但看起來很帥）的詞，來自英國數學家路易斯・卡羅（Lewis Carroll）的童話《愛麗絲鏡中奇遇》（*Through the Looking-Glass, and What Alice Found There*），紅皇后是裡面的角色，在她的世界裡，地面會飛快地移動，人必須不停奔跑，才能留在原地。不知道跑步機的發明者有沒有受到卡羅的啟發。

雄松雞

還是說動物吧，最簡單的例子：獵豹必須抓到瞪羚，否則就會餓死。經過一代又一代的激烈競爭，跑得慢的獵豹餓死了，活下來的都是精銳中的精銳。然而今天的獵豹，雖然有一百公里的時速，像跑車一樣酷炫的流線體型，牠們捕到的瞪羚卻不比祖先多。因為獵豹遭受生存競爭考驗的同時，瞪羚也在遭受考驗，只有跑得最快的瞪羚才能生存。

獵豹和瞪羚都被拴在紅皇后的跑步機上。兩方不斷地演化，越跑越快，但牠們得到的東西，並沒有跑得慢的祖先多。獵豹沒有殺絕瞪羚，瞪羚也沒有餓死獵豹。

誰是眾生真正的敵人？

跑得更快的獵豹是從哪裡來？基因突變。偶然有一些變異會使獵豹跑得更快。有性繁殖豐富了基因多樣性。有性繁殖會結合父親和母親兩方的基因，你可能有來自母親的血型基因和來自父親的眼睛顏色基因，因為基因很多，混合的花樣也是千奇百怪，所謂龍生九子，各有不同。如果所有生物都依賴無性繁殖，大家長得都一模一樣，沒有誰跑得更快，紅皇后的競賽就會無法開場。

這樣說來，有性繁殖是為了對付獵豹和瞪羚而存在的？

漢彌爾頓要插一句，瞪羚的對頭就只有獵豹嗎？毛髮上有跳蚤，血液裡有細菌，細胞裡有病毒，這些都是瞪羚的對頭，也是我們的對頭。雖然你不太可能在《動物世界》裡看到跳蛋一家，但牠們比獵豹要厲害得多。大型的捕食者雖然可怕，但充其量不過那麼幾種，細菌則是所有生物中家族最興旺的，一撮土裡就可能包含幾千種細菌。病原體的殺傷力也是無與倫比。在我們這個時代，每年有一億人染上瘧疾，一百至二百萬人死亡。歷史上最可怕的一次瘟疫，可能是一九一八年大流感，波及美國、印度，中國和歐洲的一些國家，死亡人數以千萬計。

更糟糕的是，病原體的壽命短暫，繁殖迅速，更新換代也快，細菌一天能繁殖幾千代，它們產生的基因突變數量超過我們，所以它們的演化速度也超過我們。細菌以驚人的速度產生對抗生素的抗藥性，讓醫生頭疼不已，這都是演化活生生的例子。

馬鈴薯和蝸牛的防禦戰

可怕的病原體就像小偷一樣，想溜進我們的細胞，而細胞經常是大門緊閉。如果有少數變異的細菌，能撬開「門鎖」，它們就可以享受人肉盛宴，繁殖許多後代，家族興旺。

如果所有生物都是無性繁殖，直接複製母親的模樣，所有人（生物）的防禦措施都一樣，「小偷」只要會開一種鎖就可以吃遍天下了。

無性繁殖的「鎖」，不利於抵抗細胞的「小偷」，可以在人類社會中找到例子，那可是血淋淋的教訓。馬鈴薯通常是無性繁殖的（種塊莖而不是種子），我們種的許多馬鈴薯，都有相同的基因，如果一種病原體攻破了它們的防線，就是兵敗如山倒。歷史上，一八四五年愛爾蘭爆發過一次嚴重的大饑荒，主要原因之一就是黴菌導致的馬鈴薯晚疫病（Potato Late Blight）殺死了大量的莊稼。

不能指望一招鮮，防守嚴密固然重要，推陳出新也很重要！

這時，就需要漢彌爾頓帶著他的有性繁殖……啊不，是有性繁殖理論來拯救我們了。

有性繁殖會產生多種多樣的後代，雖然很多基因突變是中性的，但跟病原體做鬥爭，需要的不是前進，而是改變，只要換一把細菌認不出的新鎖，不管新鎖的防盜功能是否更好。細菌面對陌生的防禦戰術，就會吃癟。在紅皇后的競賽裡，有性繁殖在我們身後猛推一把，讓我們可以跟跑得飛快的細菌病毒並駕齊驅。

我們也可以講一個自然界的例子，生活在淡水裡的小螺螄——紐西蘭泥蝸（學名 *Potamopyrgus antipodarum*）。這種小動物可以有性繁殖，也可以無性繁殖。侵染螺螄的寄生蟲，大多生活在湖邊淺水裡。科學家們驚喜地看到，淺水裡有性繁殖的螺螄多，深水裡無性繁殖的螺螄多。克隆螺螄生育速度快，然而在病原體流行的世界裡，有性繁殖的螺螄能發揮自己的優勢。

寄生蟲創造愛情？

漢彌爾頓對病原體和有性繁殖的問題情有獨鍾。他與美國女生物學教授馬琳・祖克（Marlene Zuk）還提出了一個理論，不僅有性繁殖是和病原體鬥爭的結果，有性雄松雞長成美男，本身就是證明，自己能和病原體做鬥爭。

漢彌爾頓和祖克比較了許多鳥類，發現**那些雄性最花哨、最虛榮的鳥，通常也生活在寄生蟲、細菌氾濫的環境裡。這可以說是一個常識：得了重病，雄性動物就很難長出華麗的裝飾品。**例如，判斷公雞健康的一個標準是雞冠紅豔，感染寄生蟲的公雞，雞冠會變得蒼白，表面光禿無毛，如果存在寄生蟲，一眼就可以看出來。

雄性動物炫耀這些特徵，似乎正是說明自己的免疫力優秀，可以抵抗病原體，這倒讓我們想起了扎哈維的答案。**背負著「繡花枕頭」特徵的雄松雞，實際上是最厲害的英雄。**

此翁白頭真可憐，伊昔紅顏美少年

病原體是如此可怕，如果有一隻松雞（甚至一個人），天生具備與眾不同的基因，與眾不同的防禦手段，就可以成為最受歡迎的美男子。因為健康，牠的羽毛和氣囊會格外華麗，格外吸引雌松雞的注意。然而好景不長，美麗的雄松雞會成為一大堆孩子的父親，這雖然是一件好事，但也埋下潛在的風險。牠的子孫越多，越多的松雞會擁有相似的免疫系統。

如果有細菌，通過基因突變獲得新的辦法，衝破華麗雄松雞獨特的免疫系統，就能一舉消滅一大批松雞。風水輪流轉，當初美男子戰勝細菌，靠的是自己基因的稀少和陌生，現在他已經不再稀有。

現在我們得到醜男出現的答案了。自然界不斷在重複，白馬王子出現─火一陣─衰落的循環。今朝的紅顏子，很可能明天就變成白頭翁。與此同時，另一個與眾不同的白馬王子崛起，重新度過一段短暫華彩的日子。也許使每一代松雞傾心的，都是一樣的美貌，但尾羽和氣囊所代表的基因已經變更無數代。

根據漢彌爾頓的理論，**今天成功的基因，明天說不定就不成功**，松雞始終無法一勞永逸地擺脫細菌，細菌也不能把松雞斬盡殺絕。土地移動不停，必須飛跑才能留在原地。這是一個輪迴，短暫而璀璨，矛盾而荒誕。眼看他起朱樓，眼看他宴賓客，眼看他樓塌了，雞生如戲，一切的背後，是一場紅皇后的賽跑。

02

為什麼生物無法根據生存的需求而改變基因、演化出實用器官呢？為什麼生物鍛鍊出來的特徵無法遺傳給下一代？

有腳的魚

二〇〇四年七月，芝加哥大學的古生物學家尼爾．舒賓（Neil Shubin）終於在北極找到他尋覓十載的東西。一條在岩層中沉睡了三億七千五百萬年的魚。牠有鱷魚一樣扁平的頭顱，可以靈活轉動的脖頸，還有可以在泥裡爬行的胸鰭，肌肉發達到足以做伏地挺身，幾乎能說是原始的腿。這個怪物被命名為提塔利克魚（*Tiktaalik*）。

真正的科學理論不僅能解釋現有的東西，也能預言未來的東西，在三億八千五百萬年前的岩石裡有許多種魚的化石，三億六千五百萬年前的岩石裡，則有許多種兩棲動物的化石。

根據演化論的預言，我們應該能在這兩個時代——兩類生物之間發現一個過渡環節。科學家們去找了，並發現三億七千五百萬年前有腿、會走路的魚。達爾文再次證明了他的英明與正確。

不過，為什麼是達爾文？他說我們是猿猴的後裔，固然驚世駭俗，但還不是絕無僅有。你在生物課本上能看到讓—巴蒂斯特．拉馬克（Chevalier de Lamarck）這個名字，「生物學」（biology）一詞就是他創造，早在達爾文的名著《物種起源》出版前五十年，他就提出了生物演化的概念。

拉馬克相信，「用進廢退」是生物演化的動力。多用的器官就會演化，不用的則會退化。提塔利克魚苦練走路，鍛鍊肌肉，牠的鰭就會演化成腿。長頸鹿伸頸去搆樹葉，脖子就會演化到兩公尺長。拉馬克甚至考慮過，如果猿練習直立，也許會演化成人。

有一個美國老笑話，準確地表達了拉馬克的觀點：有人養一條大馬哈魚，懶得換水，就教牠呼吸空氣。他把魚從桶裡拿出來，讓牠離水幾分鐘，然後是幾小時，接下來延長到幾天。後來，這個活寶完全適應了陸地生活，像狗一樣，跟在主人後邊。後來有一天，發生了不幸：牠掉到河裡，倒楣的大馬哈魚忘記怎麼游泳，淹死了。

我們每天都看得見無數熟能生巧的例子，肌肉要鍛鍊才強健，腦子越用越靈活。這樣看來，拉馬克似乎很有道理。但我們都知道，演化是緩慢的，從魚鰭到腿，歷經三億七千五百萬年。一條魚鍛鍊一下，馬上滿地跑，這種事只能出現在笑話裡。

對此，拉馬克回答說，在一代魚（或者長頸鹿或者猿）的生命裡，鍛鍊只能造成微小的變化，而這些變化會遺傳給子女，牠的子女繼續鍛鍊，在父母的基礎上增加一點點。這樣，經歷漫長的時間，積土成山，魚鰭會發生巨大的變化，而猿也可以變成人。

鍛鍊加強的那些特徵，可以遺傳給下一代，這種觀點被科學家稱為「獲得性遺傳」。魚爸魚媽的鰭經過鍛鍊，魚兒子一生下來也會有強壯的鰭，在今天看來，這種想法可能很荒唐，但在現代科技破解遺傳的祕密之前，大多數學者都接受獲得性遺傳的觀點，其中包括達爾文的祖父伊拉斯謨斯．達爾文（Erasmus Darwin），順便提一句，達爾文一直認為拉馬克抄襲過伊拉斯謨斯的觀點，還為自己的爺爺憤憤不平。

倒楣的蟾蜍

在拉馬克生前，「用進廢退」的思想並沒有引起太多注意。直到達爾文出版了闡述演化論的名作《物種起源》，才掀起軒然大波，達爾文的反對者把拉馬克的觀點翻出來，作為和達爾文交戰的武器。

保羅．卡梅納（Paul Kammerer）就是其中之一。他養了一種叫產婆蟾（學名 *Alytes obstetricans*）的蛤蟆。蛤蟆是體外受精的動物。雌蛤蟆產卵的時候，雄蛤蟆會抱住牠，把精子撒在卵上。蛤蟆在水裡特別滑，所以雄的水生蛤蟆腳底都有粗糙的肉墊，叫做「婚墊」（nuptialpad），以免在擁抱的過程中滑脫。

產婆蟾是在陸地上生活的，沒有這一器官。然而卡梅納很不講蛤蟆權，把產婆蟾養在水裡。養了幾代產婆蟾之後，他激動地宣布，我讓旱地蛤蟆的腳上長了婚墊！卡梅納得意地表示，產婆蟾靠著鍛鍊得到婚墊，這說明拉馬克是正確的。雖然一塊墊子算不上精巧的器官，畢竟也是一個「用進廢退」的特徵啊。

這個發現引起巨大的反響，最後卻有個可笑又可哀的結局。有的科學家做了同樣的實驗，卻無法培育出帶防滑墊的蛤蟆，檢查卡梅納的產婆蟾的要求總是遭拒，這引發了懷疑。甚至有人發現，卡梅納用注射器在蛤蟆腳上打墨水，讓蛤蟆皮上腫起黑色的一塊，然後稱這是「用進廢退產生的防滑墊」。最後卡梅納竟以自殺結束生命，我們無從知道他是不是出於對欺騙行為的悔恨，但他顯然是承受了很大的心理壓力。

這樣看來，「用進廢退」的觀點相當可疑。達爾文的支持者奧古斯特．魏斯曼（August Weismann）把老鼠的尾巴砍掉，再把牠們生的小老鼠尾巴砍掉，這樣重複了二十二代，老鼠還是堅持不懈地長出尾巴。他因此提出，動物在生活中獲得的特徵，不能遺傳給下一代。斷尾的老鼠不會生斷尾的小老鼠，小魚也不會繼承爸媽強壯的鰭，一個我們更熟悉的例子是，即使很多代裹小腳，中國的小孩生下來依舊是天足。

在卡梅納的時代，科學家還不知道讓魚長鰭，讓蛤蟆長婚墊，並且保證魚鰭和婚墊傳給下一代的東西是什麼。這個問題的答案要等到科學更加進步的時代才能揭開。

廚藝高超的基因

廣受歡迎的科普作家理查·道金斯（Richard Dawkins，成名作是《自私的基因》）曾說過，基因是生命的藍圖，這個比喻也許動聽，但它離事實其實很遠。

藍圖，不管是房子的還是汽車的，都是一（多）幅圖畫，和它所製作的東西是「一一對應」的，你可以在畫面上指出哪裡是樑子，哪裡是椽子。

基因不是畫，如果非要用比喻的話，和它最像的東西也許是食譜。這部食譜寫的是製造蛋白質的方法。蛋白質既是構成身體的磚瓦，也是搭建身體的工人，基因藉此創造出活生生的生物。

食譜長得既不像動物餅乾也不像蔥爆羊肉，和菜餚糕點也沒有嚴格的對應關係。如果你改動食譜前面的字，比如放多少糖，結果不是擺在前面幾塊的餅乾產生變化而已，是所有餅乾的味道都改變了；如果你改動最底下的字，比如烘烤的溫度，餅乾的最頂上一層會變黑。同理，魚的基因長相並不像魚，人的基因也不像人，並不會從頭到腳，整齊排列出一個人形來。有些基因的作用波及全身，有些基因只管一小塊地方。

一九五三年，物理學家弗朗西斯・克里克（Francis Crick）、生物學家詹姆斯・華生（James Watson）與莫里斯・威爾金斯（Maurrice Wilkins）共享諾貝爾生理學或醫學獎。他們證明，在生物遺傳中，最重要的化學物質是DNA，並發現DNA分子的形狀是雙螺旋狀，或者說「麻花」。生物學從此邁進了一大步。

今天，「DNA」、「基因」和「遺傳」三個詞可以說是鼎鼎大名，婦孺皆知。但你可能沒有想過，你不能說DNA就是基因。DNA是物質，基因是食譜，也就是說，是訊息。「書」指的是一大堆紙和一點油墨嗎？基因與DNA的關係，猶如書中的訊息與材料的關係。如果你有一堆紙，你可以在上面隨便印哪本書，如果你有一堆DNA，你可以在上面寫出魚、人、蛤蟆的配方。

訊息的特徵之一是流動性，可以從一種載體流到另一種載體，書的內容可以掃描進電腦裡，也可以登載在紙張上。基因也不例外，在製造生物的時候，基因之中蘊含的訊息從DNA流動到蛋白質上，現代科技甚至允許我們把基因的內容輸入電腦，讓它變成寫在晶片上的訊息。

官僚主義的DNA

克里克、華生和威爾金斯在發現DNA雙螺旋結構的同時，還提出另一個偉大發現，它有個很厲害的名字：「遺傳學的中心法則」（Genetic Central Dogma）。

它的原理非常簡單：基因裡的訊息流動是「單向」的。也就是說，基因裡的訊息能傳給蛋白質，而蛋白質不能把訊息傳給基因。

生物的身體造成之後，就再也不能把訊息交給基因，這就導致它無法命令基因去做任何有「意義」的事。三億七千五百萬年前，提塔利克魚被凶殘食肉魚追殺的緊急時刻，身體和基因的對話可能是這樣：

身體：救命！前面沒水路了！

基因：……

身體：請修改配方，加入製造腿的基因！

基因：……

身體：尾尾尾尾巴被咬咬咬咬住了！

基因：……

身體：完完完完……完……蛋……了……

基因：……

不管魚在泥淖裡如何苦練身體，基因仍然是八風吹不動端坐紫金蓮，不會根據身體的需求，產生腿的配方。根據中心法則，身體「上訪」基因的這條路根本就沒開通。

如果基因是藍圖，這種「一言堂」的場面也許還能改變。假設遠古時期的魚基因是一張袖珍魚畫，有腦袋、心臟和魚鰭，並精確地一一對應。如果提塔利克魚想要鍛鍊出強壯的鰭，蛋白質可以找到圖紙上「魚鰭」的部分，把更加強壯的鰭寫進藍圖，流傳後世。

然而基因是食譜，生物是餅乾，動物身體的變化，無論是鍛鍊出更多肌肉，還是被切掉尾巴，都很難回饋到單一的基因上。精確地按照身體變化來修改基因是不可能的。生物按照基因食譜烹燒好之後，不管是被吃掉、放涼了還是餿了，都不會使食譜發生相應的變化。

達爾文的觀點

這樣說來，基因好像是鐵板一塊、一成不變的，跟魏斯曼的觀點比較相符。但是，如果生命的配方永遠不變，魚永遠不可能長出腿，演化也就不可能發生。既然鍛鍊不能改變魚的基因，走路的能力又是如何出現的呢？

基因確實會改變，但是，並非蛋白質給予有價值的訊息，而是隨機的變化，也就是我們所說的「**基因突變**」。比如紫外線輻射，會把DNA分子打壞。太陽曬多了，會增加患皮膚癌的機率，就是因為防止癌細胞產生的基因出了錯誤。

有些生物的基因，甚至是一本活頁食譜，可以隨時變更。細菌經常從別的細菌身上，甚至死細菌身上獲得新基因，來豐富自己的配方。科學家把這稱作細菌的「性」（在細菌的世界裡，「性」和「繁殖」是沒有什麼關係的）。細菌隨時可以得到新的配方，這使它們之間的基因流動非常快，也使人類非常頭痛。細菌很容易產生抗藥性，因為一個細菌獲得了不怕殺菌藥的基因，它就可以把這個配方傳遞到四面八方。

基因突變是配方的變化，製造出的生物體，也可能產生變化。如果突變發生在用於繁殖的細胞（例如精子和卵子）裡，就會傳給下一代，使後代變得不同。如果這個不同碰巧是對適應環境有利的，比如住在泥潭邊的魚長出健壯有力的鰭，讓這條魚可以在生存競爭中取勝，繁殖更多的後代，把新的配方傳播開來。在新一代的魚裡，碰巧又產生新的基因突變，在前一代的基礎上，讓鰭變得更適合走路，這些「精益求精」的魚又成為勝者，繁殖自己的後代……積土成山，基因食譜上「美麗的錯誤」不斷積累，最後形成今天的腿。

這就是達爾文的「自然選擇」（Natural Selection）理論。它解釋了一切複雜、精緻的東西，從蛤蟆的腿到人的腦子，如何從零開始，在自然界產生出來，不需要「造物主」。

尾聲

雖然在前文裡，我把卡梅納說得像個騙子——這並不公平。也有一種觀點認為，他雖然在蛤蟆上做了假，但「產婆蟾事件」並不全是一場鬧劇。卡梅納可能真的得到了幾隻長著婚墊的陸生蛤蟆。不過，他並不是通過拉馬克的方法。

基因這本食譜（當然）很長，你不是隨時都要用到全部訊息。你甚至可以在食譜裡找到你幾億年前祖先的訊息。直到今天，魚的配方仍存留在人的基因裡（一個月大的人類胚胎有類似鰓的裂縫，還有尾巴）。產婆蟾雖然沒有防滑墊，但牠的祖先是水生蛤蟆（更早的時候，也是魚），牠的基因裡還保留著製造出婚墊的能力（當然，不是一幅畫著婚墊的小藍圖）。

卡梅納把產婆蟾泡到水裡，因為沒有防滑墊，蛤蟆的繁殖就變得很難。這時如果有一隻基因突變的產婆蟾重新啟用祖先的基因，長出了婚墊，牠就會成為許多小蛤蟆的父親，把婚墊的特徵遺傳下去。這是一個演化的過程，不是拉馬克的「用進廢退」，而是達爾文的「適者生存」。蛤蟆之所以演化出婚墊，不是因為牠們多麼努力，而是因為沒有婚墊的蛤蟆在繁殖中被淘汰了。

卡梅納覺得實驗結果不夠「驚人」，索性用墨水「製造」更多有婚墊的產婆蟾，這才搞臭了自己的名聲，其實這個實驗是有些價值的，只是不能證明拉馬克的正確性。斯人已逝，我們也許再找不到充分證據來揭露事情的真相，但這個推理過程是合理的，產婆蟾事件旨在「打」達爾文的「臉」，沒想到反而證明了達爾文是對的。

03

為什麼世界萬物需要命名？為什麼不同物種間能有明確界線？

天生的生物學家

一九二八年，年輕的生物學研究者恩斯特・邁爾（Ernst Mayr）來到新幾內亞的塞克勞珀斯山考察鳥類，這是一次冒險般的活動，他往來於密林之間，與當地好戰的原住民共同生活。在這次旅程中，邁爾一共識別出一百三十七種鳥，令他意外的是，當地人能認出一百三十六種鳥，與專業的科學家不相伯仲。我們經常把原始部落中生活的人，當成愚昧的「野蠻人」，其實在某些方面，他們是偉大的「生物學家」，世界各地靠著狩獵、採集為生的人，都能辨認成百上千種動物、植物，而且跟經過科學證實的分類法，有驚人的一致性。

獵人與科學家能夠不謀而合，分辨不同種類的鳥獸草木，說明在生物世界裡，物種和物種之間有著分明的區別。但這根據達爾文演化論，生物總在變化之中，或者演化為其他物種，或者乾脆滅絕。如果「物種」這個概念，從根本上就是變動不居的，我們怎麼能指望不同種類之間涇渭分明呢？

邁爾探險歸來後成為一名動物學家，並重新定義「物種」的概念：凡是在自然條件下可以交配，生育後代的兩群生物就屬於同一個種。這樣，物種與物種之間就有了鮮明的界線，幫助我們解開這個謎。

不同的物種不會彼此混血，原因多種多樣：可能是被地理屏障，比如高山、海峽隔開了；也可能牠們對「異類」提不起興趣；也可能是精子和卵子無法結合，或者結合了，產生的後代卻像騾子一樣不育。不管界線如何，不互相雜交才是重點。

農夫和育種專家早就懂得這個道理，培育良種的家畜或者農作物，不管是鬥牛犬還是草莓，都要注意保持血統的純正，不跟其他品種雜交，否則這個品種獨有的特徵就會消失。家養的動物和植物，可以在同一個物種內，培育出千奇百怪的品種：鬥牛犬和吉娃娃一點也不像，大麥町和藏獒也完全不同。有些出售猛犬的商業機構稱牠們的藏獒是由「喜馬拉雅的遠古猛獸」演化而來，所以比普通狗優越。這當然是謊言（所有狗的先祖都是狼，「狗」甚至不是一個物種）。但這至少能說明，「不雜交」的界線，可以在藏獒和吉娃娃之間創造出巨大的差異。

在自然界中，兩群動物（或植物）有「不雜交」的界限，就可以分道揚鑣，演化成完全不同的物種。天南海北的人都能看出這些不同，邁爾和新幾內亞原住民都能分辨出一百多種鳥，因為不同的鳥「物種」之間的界線是客觀存在的。

指貓為狗

在給眾生命名時，科學家不願意跟普通人使用同樣的語言，我們經常可以在講生物的書籍上看到一長串奇怪的斜體外文，旁邊寫著「學名」。比如霸王龍叫做 *Tyrannosaurus rex*，我們人類叫做 *Homo sapiens*。學名不是用英文，而是拉丁文寫成，這不是為了賣弄學問，而是科學家的工作必需。**科學要保證準確性，給每一種生物一個獨一無二的名字，不管誰說起這個名字，全世界的人都知道他指的是什麼。**而民間俗名，往往不能達到這個目的。

有時一個生物可能有多個名字，比如，馬鈴薯、土豆、洋芋、薯仔、山藥蛋都是指同一種蔬菜。還有時候，同一個名字的涵義可以包含不同的物種，現代漢語詞典對「狸」的解釋是「豹貓」，一種貓科動物；日文的「狸」，是指一種長相滑稽的小動物，屬於犬科。哆啦A夢不願意別人說他是「狸」，因為他是機器貓，反對指貓為狗。如果他是一隻中國貓，就沒有這個問題了。

解決辦法就是給每種生物一個獨一無二的拉丁文名字。學名分為兩段，前半段是「屬名」，表示這個物種屬於哪個小類，後半段是「種名」，代表這種生物屬於什麼物種。

拿霸王龍來舉個例子：

Tyrannosaurus 是屬名，意思是「殘暴的爬行動物」。

rex 是種名，意思是「王」。

如果單說 *Tyrannosaurus*，就是霸王龍所歸屬的這個屬，中文譯名「暴龍」。

學名是生物學家的「通用語」。正如同全世界的數學家都認識 1 2 3 4，物理學家都知道 kg 和℃，世界上所有的生物學家看到 *Tyrannosaurus rex*，都知道這是霸王龍，而且只能是霸王龍。

植物學王子

拉丁文學名是兩個半世紀以前，瑞典植物學家卡爾．林奈（Carl Linné）首創，除了給物種命名，他還致力於給它們分門別類，這是一個更艱鉅的工作。「物種」是客觀存在的，但「物種」以上，更大的分類單位都出於人為規定，所以更容易混亂。在林奈的時代，河狸因為尾巴上有鱗片，曾經被歸為魚類。天主教徒在星期五要齋戒，不許吃獸肉，如果河狸是一種「魚」的話，就可以列進菜單了。

如果把生物世界比喻成一棵樹，葉子和葉子之間的界限是清楚的，但樹枝不然，你很難確定哪一根樹枝是大枝，哪一根是小枝。自然界並沒有天生的壁壘來隔離不同的生物類別，所以林奈的功勛格外卓著。他的分類法發明後，**不管我們發現什麼稀奇的生物，都可以整齊歸類，像圖書館裡的書一樣**。林奈一點都不謙虛地說，上帝創造眾生，而我把牠們歸類，我的墓誌銘應該是「植物學王子」（拉丁文是 Princeps Botanicorum）。

林奈的分類法是多層式的：大箱子套小箱子，最大的箱子是域（英文 Domain，實際上，這個特大單位是林奈過世後很久才創造的）。我們按照大小順序數，然後是界（Kingdom），再往下是門（Phylum）、綱（Class）、目（Order）和科（Family），再往下是學名裡會出現的屬（Genus）和種（Species），一共八層。

例如，霸王龍屬於：

真核生物域（Eukaryota）

動物界（Animalia）

脊索動物門（Chordata）

蜥形綱（Sauropsida）

蜥臀目（Saurischia）

暴龍科（Tyrannosauridae）

暴龍屬（Tyrannosaurus）

我們對分類並不陌生，逛超市的時候就可以見到，服裝部下面有女裝部，女裝部下面又有各品牌。科學家所用的分類法，只是比商店層次多一點而已。跟生物分類最像的，可能是軍隊的編制，軍下面有師，師下面有旅，往下還有團、營、連、排、班，也是八層。

世界屬於微生物

雖然林奈自稱王子，他首創的分類學，卻遠談不上完美。生物分類經歷了好幾次巨大的改變。起初，所有生物被分成動物界和植物界，但細菌顯然不屬於任何一類。但如果分為動物、植物和細菌呢，很快又有人發現，蘑菇像動物多於像植物（蘑菇的細胞壁，成分和蝦殼相似）。於是，在動物、植物和細菌之外又加了真菌界（蘑菇）和原生生物界（變形蟲和一些藻類）。

美國生物學家卡爾．沃斯（Carl Woese）發現，一些能適應低氧、高溫環境，生命頑強的微生物，雖然外表跟細菌很像，但其實根本不是細菌。基因測試顯示，早在三十八至三十六億年前，它們就和細菌分開了，比人類和霸王龍的關係要遠得多。沃斯把它們稱為古細菌（Archaeobacteria）。

一九七六年，沃斯做出一個勇敢的決定：重新劃分生物世界。他在「界」之上設立了「域」，現在最大的分類單位，除了我們已經看過的真核生物域（Domain Eukaryota）之外，還有細菌域（Domain Eubacteria）和古細菌域（Domain Archaebacteria），沃斯把這三個域之下的生物，又劃分成二十多個界，絕大多數都是單細胞微生物。在巨大的生命樹上，我們熟悉的動物界和植物界，只是兩個可憐的分枝罷了。

邁爾認為，這種分類法對微生物太偏心了。不過，沃斯至少能告訴我們一件事：肉眼可見的生物，只是生物世界的一小部分而已。這世界上更多的祕密潛藏在顯微鏡下。我們對微生物世界的瞭解，一般而言已經很多了。微生物教科書能記載幾千種細菌。二十世紀八〇年代，挪威的科學家喬斯坦・高克斯爾（Jostein Goksφyr）和維格迪斯・托斯維（Vigdis Torsvik）在森林和海邊各挖一克泥土進行DNA分析，保守估計這兩小撮土裡各自含有四千至五千種細菌。

大發現時代

心理學家法蘭克・基爾（Frank C. Keil）做過一個搞笑的實驗。他問小孩，如果把茶壺的嘴鋸掉，在裡面裝上鳥糧，它是茶壺還是鳥食罐？小孩一般會說是鳥食罐。如果把一隻浣熊染成黑白相間，再縫上一個很臭的袋子，牠是浣熊還是臭鼬？小孩就會堅持說浣熊，不管浣熊打扮得如何像臭鼬，牠都不可能變成臭鼬。人似乎有一種天生的概念：浣熊就是浣熊，臭鼬就是臭鼬。

我們對客觀存在的「物種」非常敏銳，而且對生物分類有著特殊的興趣。這似乎是演化的結果：人類必須知道什麼生物可以吃，什麼生物會吃我，什麼生物吃了會死。不僅僅新幾內亞的獵人是生物學家，每個人都是天生的生物學家。這也許可以解釋為什麼林奈會致力於成為「植物學王子」，為什麼邁爾跑到新幾內亞觀鳥。一個有趣的猜想是，全世界的人普遍對花感興趣，植物的生殖器官竟成了識別植物種類的最佳依據之一。林奈研究植物分類的時候，就對花情有獨鍾，他把雌蕊比喻為女人，雄蕊是男人。

林奈的時代，歐洲國家向外擴張，西方科學家藉此機會探索「新大陸」的生物世界。今天已經沒有大陸可供發現，但生物學家的探索還遠沒有結束。我們已知的生物大概在一百四十至一百八十萬種之間，其中絕大多數都沒經過詳細研究，這世界上的物種總共有多少，誰也不知道。

人類比較瞭解的生物中，最多的是昆蟲。昆蟲最多的地方是熱帶雨林。美國的生物學家特里．歐文（Terry Erwin）做了一個簡單粗暴的實驗。他來到巴拿馬的熱帶森林裡，用殺蟲煙熏了幾棵樹，把樹上掉下來的死蟲子全都接住，檢查一番，結果光是甲蟲就有一千多種。歐文估計，世界上全部熱帶雨林裡的全部節肢動物（包括昆蟲、蜘蛛、蜈蚣等）大概有三千萬種。後來生物學界認為這個數字過於誇張，把它縮小為五百至一千萬種。

即使個頭大又引人注目，人類（自以為）已經瞭解很多的生物，也不時「爆出」新聞。東非的維多利亞湖是個很好也很糟的例子：這個湖盛產麗魚科的魚，已經命名的大概有三百種，依然還有許多科學家都尚未瞭解的物種。為了發展漁業，維多利亞湖引進尼羅河尖吻鱸（學名 *Lates niloticus*），這種魚體型碩大，比麗魚經濟價值高，但牠們是凶猛的食肉動物，最喜歡吃麗魚。科學家只來得及（有時甚至來不及）在尖吻鱸把麗魚鯨吞殆盡之前給牠們命名，不讓牠們沒沒無聞地死去。

我們不用費力尋找「新大陸」，這世界上未知的東西太多了。從壞的一面想，這一事實告訴我們，保護生物的多樣性，尤其是那些物種最豐富的地方（熱帶雨林、熱帶珊瑚礁等）是多麼艱鉅的任務。從好的一面想，我們永遠也不會無聊，這世界上充滿可以命名、可以描述、可以研究的新東西，在地球上，人類可以一直有事幹。

04

為什麼生物的壽命有長有短？為什麼生物能演化出有用的特殊能力、卻無法有長壽的能力？為什麼會飛的與體型大的生物比較長壽？

世界上第一部文學作品，兩河流域的史詩《吉爾伽美什》，是一幕一位恐懼死亡的君王，尋找不死藥，歷經艱險並最終失敗的悲劇。尋求長生，逃避死亡，可以說是深植於人類文化根基的普遍主題。從古至今，無數追求「不死」的嘗試都失敗，是誰決定了我們會衰老和死亡？是神的旨意，還是宇宙運行的原理？我們能找到答案嗎？

高堂明鏡悲白髮

衰老有許多徵兆，而其中最準確，也是最冷酷的徵象是出現在統計學圖表上的死亡率。人類的死亡率遵守「先降後升」的規律。剛出生的孩子是很嬌弱的，毫不奇怪，嬰兒的死亡率比較高（在衛生條件不佳的地區，是非常高），隨著逐漸長大，死亡率逐漸下降，在十至十二歲達到最低點。然後死亡率就開始回升，而且速度相當快。

十九世紀，愛丁堡的精算師班傑明・岡珀茨（Benjamin Gompertz）發現一個奇怪的規律。每過一段時間（平均而言是八年，實際可能在七至十一年之間），死亡率就提高一倍。非常準確，不論是和平年代的工業社會，還是「二戰」的集中營，都遵守這個規律。雖然在艱苦的條件下，同年齡的人其死亡率可能要高上幾十倍，但隨著年齡增長，死亡率上升的速度卻是驚人的相同。

為了說明這個死亡率上升的道理，數學家卡爾・夏普・皮爾森（Karl Sharpe Pearson）讓他的夫人瑪麗亞・夏普・皮爾森（Maria Sharpe Pearson）畫一幅畫，題名《生命之橋》（*The Bridge of Life*），橋上排列著從嬰兒到老人，不同年齡階段的人，橋下的死神們用各種武器對準他們，隨著人的年齡增長，死神的武器越來越精銳，從弓箭、老式機槍一直到溫徹斯特連發步槍。

死亡率提高的現象說明，除了病菌、汙染和交通事故，有一個致命的因素一直穩定地存在，把我們推向死亡，這個盤旋在我們頭上的惡神就是衰老。不論你在何時何地，幸與不幸，衰老都是公平的，它總是要找上你。

隨著時間的推移，死亡率按照指數（翻倍）增長，這就導致一個讓人不快的現象：你越老，你慶祝下一個生日的可能性越渺茫。三十歲的人，幾乎肯定能活到三十五歲，但百歲老人活到一百零五歲的可能性，即使在醫療條件良好的國家，也只有三％。

白紙上看到的數字輕飄飄的沒有分量，如果不知道很老的老人死亡率是以多麼驚人的速度攀升，我們會很容易認為，既然有人壽及百歲，那麼一百五十歲也不是完全不可能。一位英國農民湯瑪斯・帕爾（Thomas Parr），曾聲稱自己壽達一百五十歲，他成了大明星，搬到倫敦過著優越的生活，還被皇室召見。帕爾於一六三五年去世，他的身體（當然）不像活了一百五十歲的樣子，即使當時最棒的醫生，科學史上的大人物威廉・哈維（William Harvey），也沒有懷疑帕爾是個騙子，只是責怪他大吃大喝，把身體搞垮了。

今日的吉爾伽美什，不該遇到很多災禍和怪物，卻應該遇到很多騙子。帕爾的伎倆一直長盛不衰。厄瓜多有一個名為比爾卡班巴（Vilcabamba）的小鎮，二十世紀七〇年代，醫學專家來這裡考察，很多老人聲稱自己活到了百歲，最老的有一百四十二歲。這個地方迅速走紅，經濟大振，還有人投資要蓋飯店。後來對比爾卡班巴人的骨骼檢查發現，百歲老人都是假的。某個窮鄉僻壤發現「長壽老人村」的新聞，一直層出不窮，在中國也有——畢竟這麼做有利可圖。

「死亡率八年翻倍」的原理，可以讓我們避免被數字哄騙。因為死亡率的上升，在一個社會裡，老人的數量應該隨著年齡增長不斷減少，越老的人越稀罕，這個稀罕的程度，很可能超出你的預料——百歲老人在新聞上占不到多大版面，一百零五歲老人過世能使舉國轟動，有可靠紀錄活過一百二十歲的人，古今中外，只有法國的珍妮．露意絲．卡爾芒（Jeanne Louise Calment）女士一人而已（享年一百二十二歲又一百六十四天）！

如果人口調查員發現，哪個地方的數據裡，某一年齡階段的老人異常多（比爾卡班巴的人口只有八百多，「百歲老人」卻有二十幾人），就知道他們在撒謊。這叫「年齡堆積」（ageheaping）。哈佛大學和愛荷華大學的動物學教授，史蒂芬．奧斯泰德（Steven N. Austad）開玩笑說，長壽的祕訣就是，文化水平要低，人口統計資料要爛。奧斯泰德是個很棒的科普作家和研究者，我們以後還要提到他。

今人不見古時月

生物學和老年醫學的專家羅傑．戈斯登（Roger Gosden）記錄了一個一百零二歲老人的死亡病例。這個不幸的人死於壞疽，他還得過流感，血管、腺體都有病變，結腸裡有腫瘤。這樣老的人很難確定死因，因為老人身上的病症太多了。衰老不僅是皮膚乾皺和頭髮花白，它是所有生化反應和組織器官的集體失控，其現象之繁多和複雜，大概只有龐大帝國的式微能與之相比。

所有皮肉臟器都手拉著手共同走向衰退，聽起來很可怕，但合乎經濟原理。如果全身器官以不同的速率衰老，比如免疫力已經很差，但血液循環良好，會造成很大的浪費。擁有強健的血液循環系統，死於壞疽的可能性會降低，但要是被衰弱的免疫系統拖累（如死於流感），這套格外健康的功能就浪費了。構成木桶的木板應該一樣長。

演化壓力塑造的身體，以嚴格的平均主義維持每一個器官的有限壽數（有一個例外，後面會提到）。十九世紀的美國醫生奧利弗．溫德爾．霍姆斯（Oliver Wendell Holmes）寫過一首打油詩，講一輛極其完美的馬車，老舊之後突然散架，像肥皂泡破掉一般。因為每個零件都一樣出色，它們只能「一起」崩潰，所謂善終不過如此。

霍姆斯的馬車給我們的教訓是，不應該尋找單一的衰老病因，寄希望於解決它就能解決一切。在科學史上，這種尋找單一「不死藥」的嘗試並不少見。我們太害怕死亡了，把一切長生不老的「祕方」、謠言、騙局，都當成救命稻草。

法國生理學家布朗－塞加爾（Brown-Séquard），相信在動物的生殖器官裡存在能使人強健的物質。他用狗和豚鼠的睪丸提取物給自己注射，認為這樣能返老還童。他的藥方很快風靡世界。醫生們很快發現，「不死藥」毫無療效，但他們沒有停止嘗試。隨著外科手術水平的提高，有人嘗試把動物的生殖器官移植給人，希望它們在人體內產生「不死藥」。美國人約翰．羅慕路斯．布林克利（John Romulus Brinkley）甚至開了一家診所，專營這種手術。今天我們知道，因為排異反應，縫在人身上的動物器官都會變成一團腐肉。

眾所周知，生殖器官會對生物的成長發育，產生巨大的影響。布朗－塞加爾相信它裡面存在「神祕物質」，按照當時的科技水平而言，這個想法其實是很高明的。他要找的東西我們今天都認識：性激素。但是，他對性激素的作用理解完全錯誤（今天犯這種錯誤的人也不少）。如果他尋找的不是「不死藥」，而是讓男人長鬍子、公牛長角的東西，布朗－塞加爾會被奉為具有超前思想的科學家。

人生飄忽百年內

在我們精確測量過的動物裡，最高壽者是班戈大學（Bangor University）的海洋學家在冰島撈起的一隻北極圓蛤（學名 *Arctica islandica*），他們根據中國的朝代，給牠取名「明」。根據在二〇一三年的估算，阿明壽達五百零七歲。除了長壽，蛤蜊最明顯的特徵就是長得慢，阿明不到你手掌的一半大，一年只長零點一公分不到。

觀察長壽的動物，很容易讓你得出一個結論，牠們的生命好像慢放的電影，新陳代謝慢，發育慢，心跳慢。反過來，短壽的動物就是「快進」。最早開始研究這個現象的是德國的生理學家馬克斯・羅勃納（Max Rubner），他比較了五種哺乳動物的新陳代謝，發現壽命不同的動物其一生需要的食物量驚人的相似。這意思不是說馬和貓吃飯吃得一樣多，而是說，在貓的一生裡，每公斤體重消耗的能量，跟馬的一生裡，每公斤體重消耗的能量，是差不多的。

貓的壽命比馬短，但牠的新陳代謝更快，肚子餓得也更快。

美國人喬治．塞契爾（George Sacher）在羅勃納的基礎上，進行了涉及幾十種哺乳動物的更詳細研究。他的結論相當簡單：新陳代謝的快慢決定壽命的短長，新陳代謝越快，生活節奏越快，死得越快。塞契爾的發現，經常被解釋為所有哺乳類動物一生的心跳次數是一樣的，大象的心跳每分鐘三十次，老鼠則有三百次。

我們有理由懷疑快速的新陳代謝可以讓動物早死。生命運轉需要氧氣，但氧氣對細胞也是有害的。所以補品和化妝品都會宣傳自己「抗氧化」（幾乎都是假的）。身體利用食物和氧氣產生能量，同時也會產生叫「自由基」的分子，自由基會破壞周圍的分子，使細胞受損。許多嚴重的疾病，例如動脈硬化、癌症、白內障，都和自由基的毒害有關。老鼠的新陳代謝快，需要的氧氣多（當然，是指同體重的老鼠和大象，比如十萬隻老鼠和一隻大象），自由基的毒害也更重，所以不能長壽。

這個理論有它簡潔的美感，而且它讓人想到一件高興的事，動作越慢壽命越長，龜壽百年，懶鬼最長壽。運動需要細胞生產能量，同時也會產生自由基。另一件事就不那麼好了：既然食物也是自由基產生的原因，那麼不吃飯也應該添壽。

事實上，科學家已經發現一個非常簡單的長壽法。康乃爾大學的克萊夫．麥凱克（Cline McCay）在一九三五年發表一篇論文，他給實驗室裡的老鼠節食，結果老鼠活得更長了。以後，無數的科學家做了相同的實驗，得到的結果驚人相似。實驗室裡的老鼠少攝入三〇%至四〇%的熱量，生命能延長二〇%至四〇%。但很顯然這樣節食會讓人痛苦不堪（老鼠大概也是）。這使我們想到許多民間故事：一個人生命中的食物與享樂都是有限量的，大吃大喝會短命。這種民間信仰大概會使很多人在面對粗茶淡飯時，感到一點安慰（我喜歡的一個故事版本是，闖王進京之後，因為天天吃餃子，消耗太多福氣，他的王朝很快就被推翻了）。

古來萬事東流水

塞契爾的解釋具有科學理論的簡潔，但它不具備科學理論的另一個特徵：放諸四海而皆準。鳥類的新陳代謝迅速是出名的，牠們的心跳出奇的快，飯量出奇的大，但鳥類長壽也是有點名氣的。籠養的小鳥經常活到十多歲，家鵝有活到五十歲的。二〇一六年，一隻名為「智慧」（Wisdom）的黑背信天翁（學名 *Phoebastria immutabilis*）在六十五歲高齡喜獲一蛋，刷新最高壽鳥類母親的紀錄。世界上鳥類的種類大概是哺乳類的兩倍，如果說這是科學理論中的例外，那也是個超級巨大的例外。

我們的細胞一直在與自由基做鬥爭，比如，產生能消滅自由基的酶，否則細胞早就完蛋了。鳥類乾柴烈火般的新陳代謝要對付巨量自由基，那麼牠抵抗毒害的能力肯定特別強。人類為什麼不能擁有這種厲害的能力呢？

此外，我還得重複前面的話：**衰老是發生在整個身體裡的事，細胞只是其中一部分。**我們要避免布朗－塞加爾的錯誤——尋找衰老的「唯一原因」。**某個細胞長壽並不意味著個體整體的長壽。**要是一個普通細胞「永生」了，我們往往稱之為癌症。實際上，為了整個身體的順利運轉，一些細胞有時必須死掉。我們常說「傷腦筋」，其實大腦建立新記憶的方法就是削減掉多餘的神經細胞。玉不琢不成器。

塞契爾的答案就像是發現人的密度比空氣大，然後說「人不能飛，因為物理定律表明他不能飛」。既然那麼多動物都會飛，飛行肯定是不違反物理定律。飛是動物可以擁有的能力，長壽也一樣，既然長壽是可以做到的，為什麼自然如此不公平，不讓老鼠具有信天翁的壽命，長壽難道不是一種有用的能力嗎？

要解釋生物世界中關於「用途」和「功能」的問題（如抵抗衰老的功能），達爾文的名字就不得不提。他最大的功績是，解釋了生物為何會擁有種種奇特的功能和器官，以及這些功能對生物有什麼用處。**特殊的能力之所以會演化出來，是因為它有利於生物的生存和繁殖，在生存競爭中被自然選擇所擇中。**

討論演化論，必須要知道的是生存競爭真的很殘酷。前面我說過，人工飼養的小鳥可活十年，但在自然環境裡，大多數生物其實是活不到老就死了。散文家和生態學家奧爾多・李奧帕德（Aldo Leopold）提供了一個例子：他給九十七隻山雀裝上腳環，只有一隻活到五歲，六十七隻第一年就夭折了。

李奧帕德開玩笑說，他可以藉此計算給鳥兒的保險費，我卻想藉此瞭解「長壽」這一能力對小鳥的價值。大多數山雀都死於一歲，說明致死的原因很多，餓死、凍死、被貓頭鷹吃掉，同類相殘，感染病菌等等，而衰老在其中排不到前列。如果一個人花費太多的精力，去擔心一種發生機率很低的危險，比如，被隕石砸死，我們稱之為「杞人憂天」。如果山雀有智慧，牠們會不會覺得擔憂衰老是杞人憂天呢？

長壽太誘人了，以至於我們很容易忽視一個事實：對自然選擇而言，長壽不一定是有價值的。首先開始思考這個問題的是遺傳學家約翰・伯頓・桑德森・霍爾丹（John Burdon Sanderson Haldane）。

有一種名為亨丁頓舞蹈症（Huntington's disease）的致命遺傳病，一般在人三十至五十歲發病。這種病的機率，在歐洲人裡大概是一萬五千分之一，聽起來不多，但在遺傳病裡算是出奇的常見。霍爾丹提出，這種病之所以多見是因為它的發病太晚了，患者逝世之前已經有孩子，這種病的基因也就可以平平安安溜到下一代。亨丁頓舞蹈病雖然很厲害，自然選擇卻一直不能把它淘汰掉。如果亨丁頓舞蹈病的發病時間是二十歲，病人會因為它早夭而無法留下後代，病變的基因就會絕種。

一九六〇年的諾貝爾生理學或醫學獎（為表彰他對移植器官排異反應的研究成果）得

主，彼得．梅達華爵士（Sir Peter Medawar），在霍爾丹的基礎上更進一步，終於解開動物「為什麼」會衰老的謎題，奧斯泰德說，這個成就比梅達華的諾貝爾獎更偉大。

演化的目的並不是讓我們活得舒服，而是要讓我們成功繁殖，把基因傳到下一代，並讓他們舒服地、充滿活力地活著只是這個過程的副產品。那些讓我們健康地生活、抵抗衰老的基因（比如製造一種酶幫我們消滅自由基），如果在年齡很小的人（動物）身上發揮效果，對我們的繁殖幫助會很大，很顯然，早夭就不能生育後代了。如果它們等到人（動物）年老才開始工作，效果就微乎其微。它的宿主很可能已經不會繁殖，也很可能死於飢餓、疫病或者別的原因。

一個讓五歲山雀身體健康的基因，就算能把小鳥變成無敵鐵金剛，對牠的益處也是微乎其微。因為野生山雀活到五歲的可能性本來就微乎其微。不過，對於五歲的人或者北極圓蛤，事情就不同了。不同的生存方式，促成不同種類的生物，面對生命危險的可能性也不同。比起人，山雀的生活是很危險的，時刻活在貓、蛇、鷹、隼的追捕和飢寒交迫中。我們的生活要安逸得多，許多人都能活到五歲，所以一個讓人在五歲時不衰老的基因，還是很有用的。同理，北極圓蛤住在溫度恆定，幾乎沒有捕食者的深海中，又有外殼保護，足以五百年不遇到致命的意外，能讓牠在五百歲時保持健康的基因，也是有價值的。

於是，我們得到兩條結論：

（1）在生物年輕時，自然選擇會保持讓我們健康的基因，剔除對我們有害的基因，但在年老時，這種選擇的力量就很弱了。

（2）越是生活艱難困苦的生物，越容易因意外而亡，對於牠們來說，在老年時身體強壯沒什麼意義，因為牠們很可能在活到一定的歲數（五歲或五百歲）之前就死於外因。

簡單（但不是那麼準確）地說，生於安樂，死於憂患！

另一位生物學家喬治・威廉斯（George C. Williams）給梅達華的答案錦上添花（也可能是雪上加霜，因為他的理論實在是冷酷），我認為威廉斯和梅達華一樣聰明，順便一提，他也是了不起的科普作家。他提出一個猜想，也許自然選擇對年老的動物，不僅「冷漠」，而且「殘忍」。它不僅不支持讓老人強健的基因，還可能會鼓勵那些讓老人更加虛弱的基因。

威廉斯做出一個假設，如果有一個有利於鈣沉積的基因，對年輕人，它可以讓骨頭長得結實，但在老年，它會讓血管鈣化，造成致命的動脈硬化。那麼「自然選擇」會喜歡這個基因嗎？會喜歡的。年輕時候身體健康，對繁殖有很大的益處，年老時吃苦頭，對生兒育女的影響就微乎其微了。

雖然這個基因只存在於猜想中，但在邏輯上是完全合理的：讓我們年輕時強壯，老邁時衰朽的基因，自然選擇會垂青它。雖然它對老人的生活很殘忍。少年聽雨歌樓上的時候應該想到，我們是不是在吃老本。

綠珠樓下花滿園

自然選擇不僅僅是課本上的理論，也是活生生圍繞著我們的現實。針對壽命的自然選擇也一樣。在加利福尼亞大學研究果蠅的學者邁克爾．羅斯（Micheal Rose），做了一個非常簡單，然而成果斐然的實驗，他只留下年老的（超過三星期）果蠅產的卵。只有老當益壯的果蠅才能繁殖，這時，在晚年仍然維持健康的果蠅，突然具有演化上的優勢。老當益壯的兒子又生老當益壯的孫子，經過十五代的選擇，最長壽的果蠅已經延壽三〇%。

在自然界裡，還有著更大的「實驗」，奧斯泰德選擇北美洲負鼠（學名 *Didelphis virginiana*）來驗證梅達華的學說。這是一種生活在北美洲的小獸，十分常見，長得像大老鼠，但牠和袋鼠、無尾熊一樣是有袋動物。負鼠是哺乳動物裡的短命鬼，在野外通常活不過兩年。奧斯泰德來到薩佩洛島（Sapelo Island），這個小島的年齡不過四千年（對於地質學和生物演化學，都是十分年輕的），上面沒有捕食負鼠的美洲獅、狐狸等動物，所以這裡的負鼠生活應該更安逸。他驚喜地發現，海島上的負鼠壽命，平均比大陸上負鼠長出四分之一，牠們的筋腱老化也更慢。風險小的生活造成動物的長壽。

許多人會以為，壽數天注定，生死是不可改變的鐵則。但事實是，**動物的壽命，或者說，長壽的「能力」，和其他能力一樣，是由演化塑造而成，隨時可以發生改變。**

動物學家兼科普作家理查・道金斯開玩笑地建議：如果我們規定，人類在四十歲前不能生育，幾百年之後，老當益壯的人就會在人類的基因庫裡占到優勢，這時再把育齡延後到五十歲，以此類推，人類的壽命肯定會有可觀的提高。這麼白痴的政策不太可能得到支持，但類似的事情在外星球，也許已發生過。

柳田理科雄的幽默科普文集《空想科學讀本》提到一件怪事：特技攝影片裡的奧特曼（編按：即超人力霸王）是二萬歲，但他的爸爸和媽媽分別是十六萬歲和十四萬歲。保衛地球的奧特曼像二十幾歲的青年人，那麼，他父母生他的時候，豈不是比卡門女士更老的「奧特曼瑞」？外星人驚人的長壽，是否跟他們驚人的晚婚晚育有關？

多虧霍爾丹、梅達華和威廉斯的明智見解，我們現在知道，**越是風險小的生活方式，自然選擇越傾向於保留長壽的基因**。於是，我們可以收集各種關於動物壽命的趣聞軼事，並且用這條簡單的原理加以解釋：

體型大，或者有強大防禦能力的動物比較長壽，因為不容易被吃掉。弓頭鯨（學名 *Balaena mysticetus*）是地球上體重排第二的動物，僅次於藍鯨。二〇〇七年在阿拉斯加海域捕到的一頭弓頭鯨，頸肉裡埋著一塊十九世紀九〇年代生產的捕鯨叉殘片，說明牠已經超過百歲了。

會飛的動物比較長壽。飛行是逃離危險的有效方式，還能尋找更好的食物和棲息地。

哈佛大學的動物學家唐納德．格里芬（Donald R. Griffin）帶領學生研究小棕蝙蝠（學名*Myotis lucifugus*），前輩研究者給這些蝙蝠安上腳環，上面刻有安環的年分和日期。一個學生突然驚叫道：「這隻蝙蝠比我年紀還大呢！」

腦容量大的動物比較長壽。頭腦聰明，能夠結群抵抗掠食者，生存機會也更多。人類就是很好的例子！

生活艱險的山雀，和生活安逸的北極圓蛤的區別，不僅表現在壽命上，而且表現在整體的生活節奏上。如果一個動物時刻處在危險中，還像蛤那樣慢騰騰地生長、成熟，沒等到繁殖就一命嗚呼了。山雀和老鼠被自然選擇塑造成「快進」型，新陳代謝快，發育快，繁殖快，而蛤、鯨和人正相反。

生理學教授兼科普作家賈德．戴蒙（Jared Diamond）用生活中的物品，來比喻動物生存「策略」的不同：在交通狀況良好的地區，買一輛好車，花大錢保養，可以開很久，這比較接近我們與蛤的生活方式。但在交通事故高發路段，再好的車也會迅速毀於意外，這時就不如採取老鼠的策略──買差的車，不細心保養，撞壞再換新的。動物「除舊迎新」的辦法，就是努力繁殖（製造一個新身體），生活在危險中的小動物，對於生育的「熱情」令人咋舌，我們後面還會討論。

用心跳和吃飯的多少來推測壽命，在一定的條件下（例如只限哺乳動物），似乎還很準，由此得出壽命短的罪魁禍首是吃太多，就是強行把相關看成是因果。生活在危險中的生物，整個生活節奏都是「快進」式的，心跳、進食和壽命都只是其中一環而已。法國人馬歇爾・埃梅（Marcel Aymé）的童話《貓咪躲高高》（*Les Contes du chat perché*）裡，天旱時貓可以通過洗臉求雨，因為貓洗臉是下雨的預兆（這種天氣預報法大概不準，不過這不是我們的主題）。

誰能憂彼身後事

前面我們說到，人的身體各部位，以非常一致的速度衰老，但對女人而言，有一個明顯的例外。人類女性喪失生育能力的年齡（更年期）太早了。其他動物（以及男人）的生育能力，也隨著衰老而下降，但這種下降是平緩、漸進的，很少有動物像人類那樣「戛然而止」。偶然能見到更年期的雌性動物，但一般是在十分衰老、生命即將結束的時候，比如四十多歲的雌黑猩猩。更年期女人已露出老態，但絕談不上垂垂老矣。

動物放棄繁殖能力，這是非常古怪的。演化衡量成功的標準是繁殖，導致更年期的基因，理應被自然選擇消滅掉。對這個問題，學者們提出許多答案。最簡單的一個就是，「野生的」人類根本就沒有那麼長壽。

我們在進入現代社會之前，一直生活在荒野的環境裡：在草原上東跑西顛，男人狩獵，女人採集。我們在這種「原生態」環境下經歷幾十萬年的演化，而農業社會的歷史不過一萬年。所以我們的身體和心理，被演化塑造成最適合這種「野蠻」的生活。演化科學家稱為EEA（Environment of Evolutionary Adaptation），就是「演化適應的環境」。在EEA中，生活是很艱苦的，隨時面臨疾病、野獸、飢餓，同類相殘，所以那時女人活過五十歲的可能性比現代人要低很多。如果所有女人都在五十歲前被劍齒虎吃掉，更年期對繁殖也不會有什麼障礙。

但事實似乎不是那麼簡單：在現代，靠狩獵和採集生活的人，例如非洲和美洲的一些部落，生活方式大概是最接近EEA，他們中許多女人都能活過更年期（大概四〇%）。

前面提到的威廉斯，他提出一種更複雜，也更有趣的假說：更年期的女人照樣可以致力於繁殖，她可以努力照顧年輕時生下的孩子，或者孩子的孩子，這樣對她的基因延續仍然是有益的。對年老體衰的女性來說，生育有很高的風險：人類嬰兒的腦袋很大，骨盆卻相當窄，所以我們這個物種格外容易難產。到了一定的年齡，女人就放棄生兒育女，改用間接的方式，「服務」自己的子女。

威廉斯的猜想在邏輯上沒問題，而且發人深思。但這個漂亮的假說，並沒有得到足夠資料的支持。人類學家進行過數學計算，在狩獵為生的部落裡，即使大齡產婦有風險，照顧孫子對基因的利益，還是比不上繼續生小孩。

戴蒙提醒我們，一個老人對自己家庭的貢獻，不一定是物質的（給自己的孩子採很多野果），也可能是精神的。人類有別於其他動物的地方是語言，有了語言，年長者就可以把知識和經驗有效地傳遞給下一代，惠及子孫。戴蒙年輕的時候，在新幾內亞和太平洋小島上研究鳥類，經常與當地人交流動物和植物的知識。如果他提的問題太刁鑽，原住民就會請村子裡的「長者」來回答。這些老人經常是年邁體弱，甚至牙都掉光了，要別人餵他（她）維持生命，但他（她）掌握了豐富的經驗知識。在EEA中沒有超市，人類要從野生動植物裡，獲得生存所需的一切食物和其他物資，這些知識是非常寶貴的。

所以，戴蒙表示，老人即使老到路都不能走，對子女的基因還是有所貢獻。到了一定的歲數，犧牲產生子女的能力，免於難產以延長自己的生命，並不違反自然選擇的原則。

長肢領航鯨（學名 *Globicephala melaena*）和虎鯨（學名 *Orcinus orca*）是已知僅有的兩種，跟人類一樣擁有更年期的哺乳類。雌鯨在失去生育能力之後（四十歲左右），還能活很長時間。有一頭在美國沿海生活的雌虎鯨，去世時已一百零五歲，榮登長壽哺乳類排行榜第三名，排在弓頭鯨（冠軍）和人類（亞軍）之後。我們應該注意，這兩種鯨都非常「顧家」，一個鯨群就是許多親戚組成的一個大家族，經常是三代同堂、四代同堂。所以年長的雌鯨有很多機會照顧牠的子孫，用這種間接的方法延續自己的基因。比如，牠可以給孩子多餵奶，或者帶領家「人」尋找食物。

玉山自倒非人推

我們已經知道，老鼠可以通過節食長壽，但是，奧斯泰德非常堅決地告訴我們，我們對背後的原因還很不清楚，我們不知道老鼠為什麼吃得少就活得久，想從動物直接推理到人類是危險的。北極圓蛤如此長壽，你總不能說，人躺在冰島的海底也能延壽。不過，沒有多少人樂意每天少吃三成，所以老鼠的長壽法，大概騙不到多少人。

威廉斯又提出一種還沒有得到證實，但很有見地的觀點，他讓我們注意，挨餓的老鼠，生育能力會有明顯的下降。回想一下戴蒙的「汽車」比喻。同樣一筆錢，可以用來保養已有的車，也可以買新車，人（動物）的身體所使用的「錢」，比如構成骨頭的鈣，或者消滅自由基的酶，能用在維持自己的生命上，也能用在「製造」新生命上。大吃大喝的老鼠之所以活得比較短，威廉斯說，可能是因為牠們兒女眾多，把太多的「錢」花在繁殖上，從而削減了自己的生命。生存和繁殖有時候是互相矛盾的。

雖然人類貪心不足，總是嫌命短，但我們無疑是長壽的動物。跟大多數動物相比，人類的壽命很長，後代很少。我們犧牲（一部分的）繁殖能力，來換取壽數（更年期可能有所貢獻）。與之相反，一種生活在澳洲的小型有袋動物，棕袋鼩（學名 *Antechinus stuartii*），可以說是犧牲壽命來換取繁殖。

棕袋鼩的發情在每年的七月，這時的雄袋鼩極其衝動、瘋狂，上躥下跳搜尋雌袋鼩，與情敵做殊死鬥爭。因為太莽撞，許多雄袋鼩廝打致死，或者成為貓頭鷹的盤中餐。更大的危險來自「內因」。雄袋鼩體內激素嚴重失衡，抑制了免疫系統，即使沒有死於「他殺」，牠們很快也將死於寄生蟲和細菌感染。繁殖期過後，所有成年雄袋鼩全都殞命。消瘦、憔悴、傷痕累累，被寄生蟲堵塞了肺臟，牠們的壽命只有十個月。雌性的壽命要稍長一點，最長也只有兩歲，把雄袋鼩閹割，牠也能活到這個歲數。

所有哺乳動物都會死亡，然而袋鼩的死亡如同暴風驟雨，出現得集中而且迅速，所以顯得可怕。弓頭鯨和北極圓蛤有漫長的時間生兒育女，不用著急，然而棕袋鼩這樣，時刻活在飢餓和眾多天敵當中的小動物，必須孤注一擲，把巨大的精力投入在僅有的一次繁殖中，因此「燃燒」自己。在魚、昆蟲和一年生植物裡，這種狂歡式的生活方式更加常見，我們也更加習慣，甚至還覺得有些詩意——離離原上草，一歲一枯榮。今年的草搖曳於春風中，去年的草已經葬身野火，或者衰老而死。

在地球上，生物已經出現三十八億年，任何生命在其中都只是一瞬而已，基因卻可以通過繁殖代代相傳，生生不息。所有生命都受到壽歲的禁錮，只有基因乘坐自然選擇的快車，在永生的大路上奔跑下去。

05

為什麼動物不需要聰明的頭腦就能採取高明的生存策略？為什麼說一群生物同進退並非團結，而是膽小的表現？

利他主義最大的惡，在於它因為善而懲罰善。

——艾茵・蘭德（Ayn Rand）

寓言的末路

我開始寫這篇文章的契機，是一篇相當庸俗的「動物故事」，描寫非洲草原上的一群羚羊，在一個勇敢的首領帶領下，把逃跑改為前衝，食肉動物都在群蹄下粉身碎骨。我們盡可以嘲笑它的荒唐，但其中還是有值得把玩的東西。羚羊寓言的有趣之處，不在於它道理的「正確」，而在於它的「謬誤」。

借動物之口來講述倫理道德，這種形式看似很新，但其實起源很早。在中世紀，描寫動物來表現基督教道德和教義的「動物寓言集」一度流行。動物是有道德的，牠的行為值得我們學習，至少能給人一些人生道理的啟示，這種思想仍然存留在我們的意識裡。這篇文章將告訴大家，如果我們去觀察動物，確實可以發現一些給人類啟示的道理，不過，指導我們的，不是上帝的教義，也不是個人傷感的臆想，而是演化論及相關的生物科學。有些啟示是比較冷酷，讓人失望的，不過，有些事情是可以鼓舞人心的。

喬治·威廉斯是一位有點靦腆的學者，留著林肯式的大鬍子。二十世紀六〇年代，他對當時動物學界流行的一個觀點發起了痛擊。科學史上，許多人甚至許多專業的動物學者，雖然不相信羚羊會團結一心打敗獅子，多多少少也覺得動物是識大體、顧全大局的，願意為了群體的利益犧牲自己。他毫不客氣地指出，羚羊「英雄」不符合演化論。如果任憑這種觀點流行，整個生物學的根基都會受到損害。

看到一群動物在一起，就假設牠們是團結一心，互敬互愛，認為大家都能得到好處，這種觀點並無根據。東非草原上的動物遷徙是著名的奇景，浩浩蕩蕩的牛羚（雖然長相奇特，也是羚羊的一員）、瞪羚和斑馬大部隊，「軍容」壯盛。但牠們遠沒有看上去那樣強大。幾百頭牛羚，雖然擁有數以千計的鐵蹄和尖角，卻經常在一頭獅子面前逃竄。成群的飛鳥和游魚，遇到捕食者的時候，也是這樣外強中乾。有人會編出羚羊的故事，為這些「窩囊」的動物「打氣」，並不是無緣無故的，正所謂怒其不爭。

威廉斯責怪動物學家太天真，我們憑什麼認為一頭羚羊會擁有高貴的品格，為一大群羚羊的利益著想呢？他開玩笑說，如果一個外星科學家，看到一群人拚命地逃離火災現場，是不是也會一廂情願地相信，他們這樣跑，是為了拯救大家的性命？人群踩踏引起的許多悲劇（我曾聽過一個傳說：東北林區的房子門一定要往外開，如果發生森林火災，所有人都往外湧，有堵住的危險），告訴我們事實顯然不是如此。

適應與自然選擇

如果羚羊只是變「逃跑」為「往前衝」，牠們就能百戰百勝嗎？難道牠們不是更有可能，像遇到火災的人一樣相互踩踏嗎？想要一群動物有秩序地運動，來達到某個目標（比如打敗獅子），需要精妙的配合技巧和指揮手腕。據說，亞歷山大大帝曾說過，綿羊指揮的一群獅子，不如獅子指揮的一群綿羊（後面我們會看到，如果亞歷山大對動物瞭解多一些，他應該說蜜蜂或管水母，而不是獅子）。

如果我們想要一支人類的軍隊，就需要許多人消耗腦力研究陣法、制訂軍紀、演習、指揮。總而言之，軍隊不可能從天上掉下來。任何精巧、高效，需要耗費腦力製造的東西，都不可能從天上掉下來。然而，自然另有一種方法，不需要聰明的頭腦，就能造出軍隊和各種奇妙的事物，這個方法最早是達爾文發現的，他把它命名為「自然選擇」。

自然選擇的運作方式很簡單。無非是「適者生存」。假如，存在一群紀律渙散的羚羊。偶然出現一隻基因突變的羚羊，有一點點團結的意識，而這種意識，又能讓牠繁衍更多的小羚羊。天長日久，團結的羚羊就會逐漸變多。隨後，在團結的羚羊之中，又有紀律更好的突變出現……這樣，經過千百萬年，一代代選擇，最後就能產生出紀律森嚴、捨生忘死的羚羊軍人。人類用類似的辦法來選育家畜和莊稼，野生的草莓絕不會長到拇指那麼大，野生的狼也不會像吉娃娃那麼嬌小，這都是長期擇優汰劣的結果。

自然選擇並不需要一個聰明的羚羊指揮官，它只是無意識地不停篩選，最後卻產生了好像有意識創造出來、精巧的結果。我們把這樣「天生」的東西稱為「適應」（adaptation）。順便一提，《適應與自然選擇》（*Adaptation and Natural Selection*）是威廉斯寫的一本書。

適應可以很小（比如一個蛋白質的分子），也可以很大（比如大象的鼻子），也可能並不是有形有質的物件（比如羚羊見到獅子逃跑的本能），千奇百怪，無不說明造化的神奇。然而世界上並沒有出現羚羊軍隊，說明自然選擇並不是萬能的。

自然選擇要「選擇」某種特徵，首先，具有這種特徵（比如軍隊紀律）的生物（比如羚羊）得產生比同類更多的後代，然後，這些後代還要通過遺傳，把牠們的特徵傳承下去。我們先考慮一個最簡單的例子。如果巧克力豆會從嘴饞的人手中逃跑，對它肯定是很有用的，但自然選擇不能給它造出「逃跑」的適應力，因為它不能「生育」小巧克力豆，並通過基因把自己的特徵傳遞給「孩子」。

再看一個複雜點的例子。假如有一支像故事裡強大的羚羊軍隊稱霸了草原。這時羚羊群中出現一頭基因突變的卑鄙羚羊，在其他羚羊與獅子作戰的時候，牠只是在一旁啃草，或者尋找可愛的異性。雖然這個團體很強，但挑戰獅子的危險，還是會讓羚羊「士兵」面臨生命危險，或者疲於奔命，消滅了牠們的生育力。在高尚同伴奉獻體力乃至生命的同時，卑鄙的羚羊能夠產生更多的後代，把牠的「卑鄙」基因傳遞下去。經過長時間的自然選擇，卑鄙的羚羊會占領羚羊群，把秩序井然的軍隊變成一盤散沙。

另一方面，基因突變是很少的。基因是製造生物的配方，不能隨隨便便就出問題，否則我們都成了「三不像」的怪胎。如果一盤散沙的羚羊群裡，出現一隻或幾隻勇敢的羚羊，只有牠們幾個，如何能組織起強大的軍隊，叱吒草原？牠們的結局，很可能是葬身獅口，無法留下多少後代。

在一個「M&M」巧克力的廣告裡，花生巧克力豆在人類要吃它的時候，願意為朋友犧牲自己，然而牛奶巧克力豆大喊「吃它！吃它！」，出賣同伴好讓自己逃命。哪一顆巧克力能活下去呢？如果巧克力會繁殖，而且有基因創造的本能，能夠讓它們做出逃跑的卑鄙之舉，或者犧牲自己的高尚行為，我們今天看到的，會是卑鄙的巧克力，還是勇敢的巧克力呢？

另一個例子不像巧克力或羚羊軍隊那麼荒唐。但它可以說明，人是多麼一廂情願地相信，有時甚至是迷信，動物會懂得「苟利國家生死以」。旅鼠是身材肥圓、樣子可愛的小型鼠類，一共有四種，生活在北極圈內。旅鼠生育力很強，有一個著名的傳說，說牠們在數量太多的時候，會集體自殺，減少鼠口壓力，讓剩餘的同類能活下去。在迪士尼公司一九五八年出品的電影《白色荒原》中，有一段非常動人的情節：旅鼠成群結隊，朝著懸崖狂奔，最終葬身大海。

但是，對演化論稍有瞭解的人，很容易想到「找死」的旅鼠宛如花生巧克力，不能活下去，也不會留下很多後代。自然選擇之手，也就無法產生跳崖的適應力。旅鼠自殺就像羚羊的軍隊，只存在於想像中。在《白色荒原》裡，為製造壯觀的「集體自殺」效果，攝製組採取了卑鄙手段：把買來的旅鼠趕下懸崖。

好人難為

博弈論是應用數學的一個分支，正如其名，它就像賭博和下棋一樣，是關於如何制定策略，與他人的策略進行「對局」的一門學問，在政治、軍事等方面，有很大的用途。

羚羊本來能夠合作打敗獅子，然而卑鄙的羚羊過得更好，最後大家都卑鄙，過著痛苦的生活。從博弈論的角度去思考，就會發現這是一個經典的難題，名叫「囚徒困境」（Prisoner's

Dilemma）。

假設有兩名罪犯張三和李四被逮捕，警察把他們分開審訊。這兩個人都犯下了重罪而且老奸巨猾，他們都在思考，採用什麼策略，對自己更有利：

如果兩人都堅不吐實，證據不足，兩人只能各判坐牢兩年。

如果張三招供，把罪全都推到李四頭上，李四會被監禁十年，而張三會獲釋。反之亦然。

如果兩人都把對方供出來，兩人都會坐牢，但因為態度較好，時間會減少一點，八年。

這時候，假如你是張三，你要對付的就不僅有警察，還有同伴。如果李四是個聰明人，他就會把你出賣，這時候你還替他遮掩，就成了大傻瓜，你坐十年牢，他逍遙法外。結果，兩人怕當傻瓜，只能互相出賣，落得八年鐵窗生涯。卑鄙無恥是個人明智的選擇，但最聰明的選擇，反而得到最悲慘的結果。

我們再考慮一下羚羊。如果大家都是勇敢的士兵，卑劣的膽小鬼可以坐享其成，接受士兵的保護；如果大家都是膽小鬼，一個勇士在膽小鬼群裡，肯定比一般的膽小鬼悲慘。無論周圍「人」如何，你都應該選擇卑鄙膽怯，而不是勇敢無畏。卑鄙是卑鄙者的通行證。

我一直在講述羚羊應該「怎麼辦」，這並不是說，羚羊的思想和老謀深算的罪犯一樣。事實上，動物並不需要聰明的頭腦就能採取高明的生存策略。牠們的行為彷彿經過深謀遠慮，實際上只是本能而已。本能是基因「操縱」生物們做出來的事，和鷹的眼睛、大象的鼻子一樣，都是自然選擇塑造出的適應力。自然選擇並不需要一個聰明的創造者，它可以通過適者生存的辦法，製造出精緻、巧妙的東西。羚羊表現得十分狡猾，其實只是因為，「顯得」不那麼精明的羚羊被淘汰了。

有時，本能顯得如此「狡猾」，如此態度鮮明，演化生物學家乾脆稱之為「策略」（strategy），就好像有位軍師在指揮動物們一樣（後面我們會講到，神經不發達的動物，甚至非生物，在策略方面也有出色表現）。一個經過漫長的演化時間能夠存活下來的策略，必然是能長治久安的，英國生物學家約翰・梅納德・史密斯（John Maynard Smith）稱之為演化穩定策略（Evolutionarily Stable Strategy，ESS）。

這麼說顯得有點「車軲轆話」：一個策略想活很久，就要長治久安；一個能長治久安的策略，就是為了活很久的。其實稍微想一下就會發現：一個策略要成為ESS，它必須做出一些事業，保證自己的生存。假如一隻羚羊的策略是「見到獅子就衝上去揍牠」，肯定不是ESS（順便一提，羚羊寓言裡，勇猛的羚羊首領死於獅口）。由於囚徒困境原理，我們可以判斷，膽小、卑鄙的策略會活得更好。經歷漫長時間，存活下來的生物，應該擁有卑鄙、自私的本能。

在生物學界，駁斥「動物是高尚、為大局著想的」這種過分浪漫觀點的，要歸功於威廉斯，還有另一位生物學家威廉・漢彌爾頓。但是，把威廉斯的批評發揚光大，為大眾所知的，卻是英國動物學家兼科普作家理查·道金斯。他最著名的作品名為《自私的基因》（*The Selfish Gene*）。道金斯把控制生物，讓牠們採取卑鄙「策略」的基因擬人化，讓我們想像，基因是自私自利、冷酷無情的，為了它們的生存，像操縱機器一樣控制著生物。

說基因是自私的，不僅是種修辭手法。舉個例子，有一種基因叫做「逆轉錄酶基因」，在我們每個細胞裡都有成百上千份，它只能做一件事：複製一份自己，然後把複製品安置在整套人類基因裡。愛滋病毒利用它來感染人體，逆轉錄酶基因的存在，對我們不僅無用，而且有害。但它善於複製自己，所以數量很多，「人丁」興旺。如果把所有人類的基因想像成一支羚羊軍隊，它就是軍隊裡的膽小鬼，其他基因努力維護人體的時候，逆轉錄酶基因在一旁坐享其成。人體的所有基因裡，有九七％是無用的，不參與製造器官和本能，是個臃腫得不像話的機構。道金斯的擬人手法好像是「科學幻想」，但現實比科幻小說更奇妙。

「自私的基因」這個表述受到廣泛的歡迎（有人表示，自己的心被冷酷的道金斯給擊傷），也許是因為擬人化加強了我們的理解，也許是道金斯的表達裡隱含的冷峻和犀利意味讓人望而生畏。道金斯在牛津大學擔任「公眾理解科學教授」（這個職位專門為他而設），是個尖銳的辯論家、出眾的科普作家（順便一提，長相很英俊），這可能給了他壞人酷哥式的形象。雖然這本書並不冷酷，它甚至還告訴我們，基因雖是「自私」的，但人類和其他動物，仍然可以做出高尚、捨己為人的行為來。

烏合之眾

雖然前面一直在討論膽小的羚羊，但羚羊的群體比我假設的「一群膽小鬼」還是要複雜些。想要知道自私的動物為何會集群，我們先從一種更簡單的動物群體開始討論：魚群。

食肉動物偏愛離自己近的獵物（容易抓到）和醒目的獵物（容易鎖定）。不想被捕殺的魚（並不是說魚有意識，知道自己會被吃掉，然後努力避免，而是說經過自然選擇，魚會產生適應力，逃避捕食者），如果待在魚群中心，和眾多的同類在一起，就不太容易成為「離捕食者最近」的那一個。所以，「遇到鯊魚，使勁往自己的群體裡擠」會成為一個穩定的策略。

另一個策略，是讓自己盡可能和同伴一樣，減少被「挑中」的危險。不想被老師提問的小孩會彎腰縮頭，藏在同學中間，魚也會把自己藏在魚群裡。同一群的魚，長相、大小都驚人的相似，連游泳步調都驚人的一致，好像暴風雪中的一片片雪花。魚類的群泳非常壯觀，看似在展現團隊力量，其實卻是一群膽小鬼，拿同類的身體做擋箭牌。

雖然羚羊群比魚群要複雜些（我以後還會討論牠們），但走獸和飛禽，也會採用「擠」和「步調一致」的策略。斑馬的黑白條紋在草地上非常顯眼，但在斑馬群裡，就可以弱化身體的輪廓，讓自己隱身在同類之間。歐洲常見的紫翅椋鳥（學名 *Sturnus vulgaris*），有時會結成很大的鳥群。捕食飛鳥的猛禽，攻擊方式是從上空俯衝下擊，所以牠們採取很有效的策略。猛禽如果是在椋鳥群下方，牠們無動於衷，一旦牠從椋鳥上方飛過，鳥群就會一下子「縮緊」，減小自己被吃的可能性，在地上遙望，就像一團忽濃忽淡的煙。

對於小型魚類，比如沙丁魚來說，「擠」可以幫助牠們避開「普通大小」的食肉魚，卻招引了「更大」的危險。鯨、海豚和鯊魚不會浪費時間追逐一條沙丁魚，但密密麻麻擠成一個「球」的沙丁魚群，就是一頓豐盛的美餐。人類也利用沙丁魚的集群策略。一種魚能成為漁業的捕撈對象，要麼個頭足夠大，要麼魚群足夠大，可以一次捕到很多，以量彌補質的不足。所以，可憐的沙丁魚成了罐頭的「常客」。

威廉斯把一堆膽小鬼組成的動物群稱為「自私群」。我們可以叫它「烏合之眾」，這個詞原本的意思，就是「一群烏鴉」。蘇聯著名的描寫生物和自然的作家普里什文，寫過一篇動物寓言，他對自然的瞭解，比羚羊寓言的作者要深厚得多：一隻烏鴉找到了食物，許多貪婪的烏鴉追著牠，把牠趕得筋疲力盡。牠不小心失落了嘴裡的東西，被另一隻烏鴉撿到。烏鴉們又開始追趕新的暴富者……大家都累得要死，還什麼都沒吃到。

普里什文警告我們，富有者落到這般悲慘的處境正是因為他的自私。

06

為什麼生物會有以自身的死換群體的生這種「捨己為人」的利他行為？為什麼會有超級生物的出現？為什麼對螞蟻和蜜蜂來說，姐妹比起自己的孩子更是超級近親？

它釀的蜜多，自己吃得可有限。每回收蜜，給它們留一點點糖就行了。它們從來不爭，也從來不計較什麼，還是繼續勞動。

——楊朔《荔枝蜜》

牛結陣以卻虎

「牛結陣以卻虎」這句話據說出自戰國諸子之一的尸佼。他這麼說，是對真實動物有過切身的觀察，還是出於臆想，已不得而知，但他還真說對了。

一些孔武有力的大型食草獸，在食肉猛獸面前，確實表現得相當勇敢和有紀律。亞洲水牛和麝牛（學名*Ovibos moschatus*）都會用防禦陣型保護幼犢。麝牛與狼的對壘是很壯觀的。這種動物生活在北極圈地區，體格壯碩，穿著厚厚的防寒毛衣，遇到狼群，大麝牛會肩並肩，把孩子牢牢圍在中央，揚角奮蹄進攻。加拿大馬鹿（學名*Cervus canadensis*）的鹿群由雌鹿和幼鹿組成（雄鹿單獨活動），遇到狼，強壯的成年雌鹿會站出來，用前蹄猛踢，讓小鹿藉機撤退。

我們知道，在囚徒的困境中，膽小鬼會生存下來，但事實告訴我們，食草動物並不全是膽小鬼。小鳥見到猛禽飛過，會發出尖細的叫聲，向同類示警。分析小鳥的「警笛」會發現，這種聲音很特殊，你很難判斷牠發出的位置。「警笛」是一種適應力，它對小鳥的好處顯而易見。捕食者偏愛「引人注目」的獵物，如果老鷹聽出牠鳴叫的位置，就會循聲抓住牠。但這也說明，經過自然選擇長時間的擇優汰劣，肯定有很多叫聲容易被定位的鳥，或者不太容易被定位的鳥，被老鷹抓走了。

發出警笛聲的小鳥，如同愚蠢的囚徒，把自己送入虎口。這樣說來，小鳥一開始就沉默，麝牛一開始就掉頭逃跑，不是更好的策略嗎？

與捕食者對抗，是一個利他行為（altruism）。動物學中所謂的「利他」，跟常識的理解略有不同，把它稱作「捨己為人行為」更恰當。利他行為不僅是「對別人好的事」，也是

「對自己不好的事」。羚羊排便為青草提供肥料，但我們不能說排泄是一個利他行為。捨己為人讓自己吃虧，看來無法成為穩定的策略，但在生物世界裡，利他行為不能說比比皆是，也絕不稀少。這是演化生物學面臨的一個大謎團。

鶺鴒在原

一九六五年，研究螞蟻出名的動物學家，當時已經小有名氣的愛德華．威爾森（Edward O. Wilson），在火車上閱讀到一篇名為《社會行為的遺傳演化》（*The Genetical Evolution of Social Behavior*）的博士論文。這篇文章企圖解開動物的利他行為這個大謎團。

一開始威爾森有些惱火，覺得論文裡的答案太簡單，想用這麼單薄的理論解釋生物世界，根本就是初生牛犢不怕虎。他把論文翻來覆去地看，希望運用自己豐富的昆蟲知識找到破綻。然而，他越看越覺得引人入勝，越覺得這個年輕人的答案有道理。火車到站時，威爾森已經「皈依」了。他說，偉大的觀念應該是非常簡樸而又非常巧妙的，能讓人不禁反問「我怎麼沒想到呢」，就像威廉．漢彌爾頓的「親屬選擇」（kin selection）理論一樣。

演化需要漫長的時間，一代代進行自然選擇。自然選擇不是教練，它的工作方式，不是訓練一隻羚羊讓牠變得更快、更強或者更自私，而是在代代相傳之間，通過細小的突變擇優汰劣，逐步地改變羚羊的基因。漢彌爾頓的高明之處在於他選擇了基因的「視角」，去看待生物世界。

尋找配偶，生孩子，照顧孩子，需要犧牲大量的精力和時間。可憐天下父母心。然而生物都喜歡繁殖，有時到了瘋狂的地步。一種生活在澳洲的劇毒蜘蛛，名叫紅背蜘蛛（學名 *Latrodectus hasselti*），甚至會讓雌蜘蛛把自己吃掉，以爭取時間讓更多的卵受精。因為不繁殖的生物，或者在生兒育女方面不夠努力的生物，無法留下後代，或者留下了後代，卻被更努力的同類擠垮，基因代代相傳的鏈條就斷掉了。無法傳遞基因的生物，也無法經過自然選擇的篩選。

想傳遞你的基因，可以多生孩子，可以好好照顧已有的孩子。如果一頭麝牛生下許多小牛，哪個都不管，牠的基因基本上都會葬身狼腹。這就不如少生幾個，好好保護牠們。如果基因能讓一頭成年麝牛與狼作戰，保護孩子，這樣的基因會傳遞下來。因為孩子得到母親一半的基因（另一半是父親的），小麝牛有五〇%的可能，也具有「保護自己孩子」的基因。

跟你擁有同樣基因的，除了孩子，還有其他親戚。首先注意到這件事在生物學中有重要意義的人，是演化生物學界的祖師爺達爾文。在螞蟻中，大個頭的兵蟻是沒有繁殖能力的，但一個個蟻窩裡都會出現兵蟻。他很快找到了答案，兵蟻不能繁殖，但牠的親戚比如牠的母親、姐妹，會代替牠生兒育女。同樣，我們愛吃肉質肥美的牛，所以好吃的牛會被吃掉，但肉牛不會因此而絕種，因為我們在吃牛肉的同時，還會養育牠的親戚，讓「好吃」這一特徵延續下去。

如果一頭羚牛保護的不是孩子，而是年幼的弟弟。這個「保護弟弟」的基因，同樣可以存活下去。假設牠是從媽媽那裡得到「保護弟弟」的基因，因為媽媽也把一半的基因傳給了弟弟，牠的弟弟擁有同一基因的可能性也是五〇％。

「鶺鴒在原，兄弟急難，每有良朋，況也永嘆」，出自《詩經》中的《棠棣》，意思是說，大難臨頭的時候，能幫助你的是兄弟而非朋友（這個說法並不全面，我後面還會講到，《詩經》對朋友太輕視了）。人常說「血濃於水」，認為每個人都有義務為親戚謀福利，越親密的血親越是如此。在一個人破壞公共資源，照顧自己親戚的時候，我們又會指責其「自私」、「大樹底下好乘涼」。好像我們都相信，對親戚好，就是對自己好，親戚就是某種意義上的自己，近親尤甚。

如果從羚牛（羚羊、人，或隨便什麼生物）基因的視角來看，親戚確實是「一半的自己」，或者「一部分的自己」。近親會多些，遠親會少些。稍微做點除法，一個基因就可以「算出」，這頭羚牛和牠的任意一個血親擁有同一基因的可能性。

（當然，基因不會算數。但是自然選擇並不需要基因擁有理智。那些保護了素昧平生的羚牛，或者保護「八竿子打不著」的親戚的基因，會被保護近親的「聰明」基因排擠掉。經過長時間的生存競爭，存活下來的基因，就可以表現得精通「人情世故」。）

昆蟲國度

在近親組成、比較小的獸（鳥）群裡，可以看到示警、打擊捕食者之類讓人感動的「高尚」行為。**從基因的角度看，幫助親人就是幫助自己**。參與遷徙的牛羚成千上萬，大多是毫無親緣關係的，或者關係很遠，基因不會「命令」牛羚去救一個素不相識的同類。批評牛羚「膽小怕事」，至少是不公平的。

雖然我們見不到羚羊群和獅子作戰，但自然選擇確實在另一類動物裡創造了軍隊。鬼針游蟻（學名 *Eciton burchellii*）屬於行軍蟻，這三個字足以讓人不寒而慄。覓食的鬼針游蟻大軍結成陣型，形狀彷彿分叉樹枝紮成的掃把。「打頭陣」的螞蟻留下氣味蹤跡，讓隨後的大部隊不至於走散，體形碩大，長著鐮刀狀利齒的兵蟻在外圍護衛，牠們的利牙適合專門攻擊騷擾蟻軍的大型動物。小型和中型的工蟻負責獵殺和搬運獵物，有時蜥蜴和青蛙都會被鬼針游蟻殺死。對螞蟻而言，青蛙的體型和力量，必定是非常恐怖，遠超過羚羊眼中的獅子。蟻群看似雜亂，其實是一個聯繫緊密、秩序井然的團體。幸運的是，這支軍隊走得很慢，無法傷人。

如果你觀察群居昆蟲比如螞蟻、蜜蜂，就會發現，牠們的捨生忘死和團結精神，超出人類想像。牠們捨己為人的利他行為，有些讓人感動，有些怪異而恐怖。

美洲切葉蟻屬（*Atta spp.*）的螞蟻種植真菌當食物，這項工作非常複雜，需要多種「專業工人」合作完成。同一巢的螞蟻發展出不同的「工種」，在體型上，最小的工蟻身長不到三毫米，負責檢查菌田，去除雜菌。大一點的工蟻把樹葉嚼碎，做成真菌的肥料。更大的工蟻在外面採集樹葉。巨大的兵蟻體重是最小工蟻的三百倍，心形的大頭充滿肌肉，牠的撕咬非常有力，人類都吃不消。

蜜蜂螫人以後，會扯下一部分內臟，連同螫刺留在創口上，讓它繼續注入毒液。眾所周知，這樣一來蜜蜂自己也會死掉。雖然冒著生命危險，蜜蜂還是勇猛地發動攻擊，西方蜜蜂的義大利亞種（學名 *Apis mellifera ligustica*）和西方蜜蜂非洲亞種（學名 *Apis mellifera scutellata*）雜交的後代，會拚命攻擊靠近蜂巢的動物或人，追出幾百公尺，因此得到「殺人蜂」的惡名。

另一種比較溫情的利他行為是分享食物。吃飽的蜜蜂會把流食吐出來，給同一窩的夥伴吃，而且非常「大方」——即使夥伴不餓也要餵。這樣相互謙讓，結果是無處不均勻，大家飽和餓的程度都差不多。每隻蜜蜂都可以瞭解團體的近況，如果牠餓了，那麼整個蜂巢的成員肯定都餓了。著名的蜂王漿，是工蜂用來餵養幼蟲和蜂王的分泌物，富含幼蟲成長需要的蛋白質。作為分泌蜂王漿的代價，就是工蜂縮短自己的生命。

超級生物

螞蟻、蜜蜂這種秩序井然，富有犧牲精神的群體，是動物群體演化的最高成果之一，動物學家稱之為真社會性（Eusociality）。真社會性群體的中心是多產的「女王」，她生出大量不能繁殖的「工人」和「士兵」，讓牠們照顧幼蟲和女王、築巢、覓食以及與入侵者作戰。巢穴發展成熟，「女王」就會定期生產有繁殖能力的「王子」和「公主」，讓牠們去建立新的巢穴。

既然都是一母所生，同一窩的蜜蜂都是近親。但真社會性昆蟲的「大公無私」利他精神，遠遠超出麝牛和小鳥。漢彌爾頓的親屬選擇理論能解釋它嗎？

大多數社會性昆蟲都是蜂類和螞蟻，分類學上屬於膜翅目（Hymenoptera）。膜翅目昆蟲的真社會性，至少獨立演化出十一次，在其他昆蟲裡只有白蟻一次。

漢彌爾頓注意到，膜翅目有個非常奇怪的特徵：受精的卵孵出來都是雌性，沒有受精的卵孵出來都是雄性。他認為這就是蜂巢「超級利他」的關鍵。雄蜜蜂的基因量只有雌蜜蜂的一半，繁殖的時候，牠把自己全部的基因都傳給精子，而雌蜜蜂和其他動物一樣，只把一半的基因放進卵子。

我們現在轉到基因的視角，看看這種奇怪的安排，會導致親戚的遠近關係，發生什麼樣的變化。

假設我是一個來自蜜蜂父親的基因，現在到女兒的體內，因為女兒是受精卵孵化，每個女兒都要繼承父親全部的基因。你身邊的每個（同父）姐妹，都會有跟你一樣的基因。或者說，所有的姐妹是「百分之百的我」。

再假設，我還是蜜蜂女兒的基因，但我的來源是蜜蜂「女王」而非父親，因為女兒分到「女王」一半的基因，身邊的（同母）姐妹，擁有我的複製品可能性是一半，也就是「五〇％的我」。

把「基因來自父親」和「基因來自母親」這兩種情況加起來，平均一下，我們就可以算出，兩個（同父同母）蜜蜂姐妹擁有同一個基因的可能性：

（100％＋50％）÷2＝75％

對於任何一個雌蜜蜂體內的基因來說，平均而言我的姐妹都是「七五％的我」。

再來看看蜜蜂兄妹（或姐弟）的情況：

我是一個雌蜜蜂的基因。兒子是未受精卵孵化的，所以我的兄弟，跟我擁有同樣「來自父親的基因」可能性是〇％。

雌蜜蜂的兄弟如果有和牠一樣的基因，那一定是來自母親。母親把一半的基因給了卵子，所以同胞兄弟跟雌蜜蜂擁有同一個基因的可能性是五〇％。

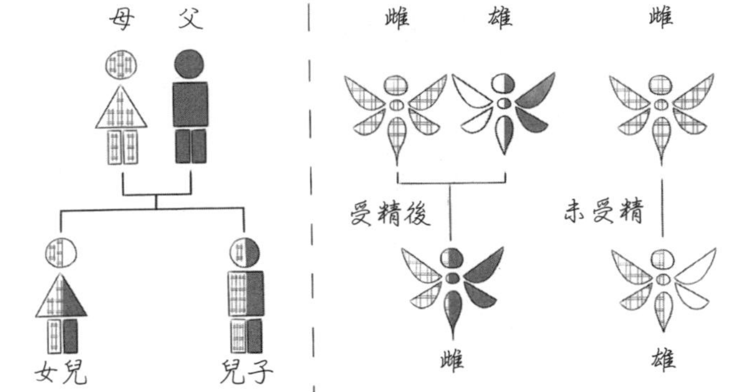

人類：不管男女，孩子均繼承父母各50%的基因。

蜜蜂：雌蜂繼承母親的50%基因和父親的全部基因，雄蜂僅繼承母親的50%基因（注：帶尾刺的為雌蜂）

$$(0\% + 50\%) \div 2 = 25\%$$

雄蜜蜂和雌蜜蜂的關係要疏遠得多，共享基因的可能性只有雌蜜蜂間的三分之一。

對螞蟻或蜂類來說，姐妹是超級近親，比麝牛的姐妹或母女都要近。如果一個基因讓女螞蟻從青蛙嘴裡救自己的孩子，那牠只有五〇%的可能性拯救自己的一個複製品；如果是救姐妹，這個可能性就會升高到七五%。在螞蟻的世界裡，養育妹妹的基因受到自然選擇的歡迎，比養育孩子的基因更加興旺。

在蜂群和蟻群裡，沒有生育力的「工人」和「士兵」全是女的。男蜜蜂和男螞蟻除了繁殖，什麼事都不幹。如果有選擇，工蜂寧可要妹妹，也不要女兒，她們甘願犧牲自己的生殖力伺候「女王」，把「女王」的生育力提高到驚人的程度（切葉蟻「女王」每分鐘生一個卵）。有個笑話說，母雞是雞蛋生產雞蛋的辦法，同樣也可以說，螞蟻女王是一部基因生產基因的機器。

真社會性的生物群體是如此親密無間，一群螞蟻就彷彿一個巨大的生物，既奇妙又可怕，工蟻是肌肉，兵蟻是免疫系統，女王是生殖系統，相互哺餵的流食是血液。甚至蟻群發展壯大之後，向外釋放「王子」和「公主」的現象，都可以比喻為這個怪獸的「成熟期」。甚至有個詞專門用來表示這種奇異的群體：超級生物（Superorganism）。

超級生物的利他精神，是建立在親屬選擇基礎上。像遷徙的牛羚一樣，遇到素不相識的同類，牠們也會表現得冷漠，甚至凶殘。螞蟻和人類有一個可怕的相似點：舉行戰爭，屠殺同類。威爾森說過「給螞蟻核武器，牠們會在一星期內毀滅世界」，他這麼說，一半是開玩笑，另一半大概是真的恐懼。

講到這裡，這一節應該結束了，不用再提白蟻。但白蟻實在是太奇怪了，值得解釋一下。白蟻是蟑螂的親戚，牠們沒有「未受精卵生兒子」的奇怪特徵，但還是演化成真社會性昆蟲。白蟻吃木頭，依賴體內的微生物分解木質素。為了隨時得到新鮮的微生物，小白蟻孵出來後，就不能離開同類太遠。大家都「貓在一堆」，就開始在近親之間找配偶。「近親結婚」越多，基因的相似程度就越高，不論男女。白蟻的工蟻有雌也有雄，沒有「重女輕男」的現象。

「葡萄牙戰艦」與「守護天使」

因為漂浮在水面上，管水母目（Siphonophora）的僧帽水母（*Physalia* spp.）得到了「葡萄牙戰艦」的綽號。確實，僧帽水母是由許多微小的動物組成，牠們精誠合作，就像同一艘船的水手。僧帽水母頂端是一個藍色的口袋，這是一個單獨的管水母，它的責任就是充滿氣體，讓整個動物集團可以浮在水上，被風推動著前進。在這艘船上，牠就如同船體和船帆。另一些管水母是廚師，負責消化食物，再分送給同伴。還有一些管水母擔任槳手，噴水推動僧帽水母前進。劇毒的觸手是管水母戰士，捕獲食物，打擊敵人。

單個管水母的身體結構很簡單，但牠們靠著緊密相接，扮演不同的器官，就可以造出一艘複雜精密的「船」，生物團體演化的另一個極端。參與造「船」的管水母，都是由同一顆受精卵發育而來，基因百分之百相同。也就是說，根據親屬選擇，僧帽水母的基因幫同伴就是幫自己。這是動物群體演化的另一個巔峰，可以跟蜜蜂相比，甚至比蜜蜂更親密無間。僧帽水母既是一個大動物，也是一群小動物組成的群體。

管水母讓我們不禁產生懷疑，一隻羚羊（或者人），真的是「個人」嗎？還是更複雜、合作更親密的群體？

網柱菌屬（*Dictyostelium* spp.）的生物被稱為黏菌，它們不是動物，而是原核生物。平時，黏菌都是單細胞生物，單獨生活，就像變形蟲一樣。如果環境變惡劣，許多單細胞的黏菌會聚集到一起，抱成一團，像小蟲一樣爬行。這時它又像一個動物。黏菌甚至還有一個像植物的形態。黏菌們組成一根細桿子頂著一個小球的形狀，像一朵花，小球裡的黏菌細胞如同花粉，被風吹走，或者被昆蟲帶到遠處，尋找適合生存的地方。

人體包含數以億計的細胞，所有細胞都來自同一個受精卵，所以人體是由近親組成的超級團體。雖然這麼說有點噁心，但你可以把自己的每一個細胞都想像成一隻螞蟻，或者一個管水母。它們精誠合作，才組成龐大而精緻的人體。細胞之間也有精密的分工：淋巴細胞像變形蟲，肌肉細胞又瘦又長，神經細胞像電線。許多細胞的形態是如此古怪，如果離開其他細胞的幫助，根本活不了。人和螞蟻的另一個相似之處是，大多數細胞都不能繁殖。像螞蟻一樣，我們把繁殖的任務交給「女王」——生殖細胞。單細胞生物通過分裂來繁殖，但人體想要活下去，非常重要的一條原則就是：不能隨便分裂。如果一個細胞無休止地分裂，把營養和氧氣消耗光，壓迫周圍細胞的生存，這是癌症，最後整個人體都會崩潰。

我們擁有「防止癌症」的適應力是情理之中的事，但它是通過「自殺」來達成目的，就只能說是意料之外了。有一個基因，科學家給它起名P53，它的責任，就是在癌變開始的時候，命令一個細胞開始自殺，科學家把這叫做「細胞凋亡」（Apoptosis）。這很像蜜蜂犧牲自己的生命去螫人，用個人的死換群體的生。被深深感動的科學家，給了P53「守護天使」的綽號。這當然是細胞群體（人體）的看法，如果我是一個細胞，就會認為稱之為「東廠」更合適些。

同室操戈

文學家、翻譯家楊絳講過她下鄉時見到的一件趣事：每隻小豬吃奶都有特定的奶頭，「就餐位置」在小豬剛出生時就決定好了，絕不越界。

這倒不是因為豬懂得紀律。母豬的奶頭出奶的量不同，越靠近豬腦袋的越多，有實驗發現，占據前三對奶頭的小豬，要比後四對的小豬多吃八成以上。所以小豬生出來沒多久，就會互相廝打搶奶吃，最後建立起一個穩定的「就餐次序」。一群動物憑打架分成三六九等，強者可以優先得到某些好處（例如食物），動物學家稱之為啄序（Pecking Order）。

雖然都是同胞，但豬兄豬弟之間，只能共享五〇％的基因，奶吃到兄弟的嘴裡，還是不如吃到自己嘴裡。資本家願意為了五〇％的利潤冒險，小豬也願意為了八〇％的奶跟兄弟翻臉。把小豬、螞蟻或細胞聯繫起來的，是共同的基因利益。但個人利益的誘惑太過巨大，即使親人之間，也不免同室操戈。小豬一出生就有尖銳的乳牙，對單個的小豬而言，這是一種適應力，可以跟同胞兄弟咬架，搶奪好奶頭。對豬群或豬這個物種，卻是一種有害無益的東西。小豬會相互咬傷，還可能在吃奶時扎傷母豬。養豬人想要保護的是豬群，所以現在養豬，一般都會把小豬的牙尖切掉。

在真社會性昆蟲的姐妹兄弟之間，也存在利益糾葛。美國生物學家羅伯特・崔弗斯（Robert L. Trivers）與霍普・黑爾（Hope Hare）檢查了二十種螞蟻，發現一個有趣的現象。一個螞蟻窩產生的「公主」，也就是可繁殖的雌性螞蟻的重量，大概是「王子」重量的三倍。這意思不是說「公主」的數量是「王子」的三倍，因為雌性螞蟻需要脂肪儲備來繁殖後代，「公主」都很胖。單個「公主」比「王子」重得多，但是，把螞蟻窩這個超級生物，一次生育的所有「公主」加起來，重量會是所有「王子」的三倍。

我們前面說過，膜翅目昆蟲姐妹共享基因的可能性，是姐弟的三倍。根據親屬選擇，如果一個基因讓工蟻對「公主」優待有加，犧牲更多的資源（比如食物）來養妹妹，自然選擇會偏愛它。另一方面，對「女王」來說，不管兒子和女兒，都擁有她的一半基因。讓「女王」不論王子和公主，一視同仁的基因，要比偏袒哪一方的基因更好。

蟻巢裡的男女不平等，其實反應了工蟻和「女王」的利益衝突，而且獲勝的一方是看似軟弱的工蟻。女王養尊處優，然而她其實是個「傀儡政權」，工蟻把她當成生產基因的工具。在精誠合作的表面之下，利益衝突並沒有停止。用道金斯的說法就是，動物可以表現得卑鄙自私或者親密無間，然而，背後指使牠們的「老大」基因卻永遠是自私的。

07

為什麼動物會有「互惠互利」的行為，是本能驅使還是後天環境使然？為什麼蝙蝠會拿自己的食物來餵食毫無親緣的同伴？為什麼生物會同時存在利他、自私、合作與背叛？

或曰：「以德報怨，何如？」
子曰：「何以報德？以直報怨，以德報德。」
——《論語憲問》

善有善報

最後通牒賽局（Ultimatum Game）是一個博弈遊戲，一九八二年在科隆大學被提出。張三和李四要分享某種好處，比如一百塊錢。由張三決定怎麼分，如果李四不贊成，這個好處就取消，兩個人什麼也沒有。

我們已經知道，根據囚徒的困境，好人總會吃虧。如果張三是個聰明人，他應該把大多數錢都自己留著，只給李四一點點。如果倒楣的李四也是理性的，就只能接受這一點點，否則一分錢也沒有。這有點類似小豬之間的「啄序」，雖然誰都不想要壞奶頭，但弱小的小豬還是得忍氣吞聲接受這個結果。有奶總比沒有好，聊勝於無。

用真人進行「最後通牒賽局」的實驗，卻發現完全不同的結果，人類要比想像中更正直，也更愚蠢。大多數扮演張三的人，都會分不少的錢給李四，「見面分一半」的人很多。如果李四只分得一丁點，他／她經常會放棄遊戲，寧可什麼都得不到，以表示自己對不公的憤怒。

維護最大利益的時候，人的理智竟然不如豬？和其他動物一樣，我們也是由自然選擇塑造而成。我們都不懷疑，人類的私心會可怕到什麼程度，但也有時候，人顯得太忠厚，太不自私了，這使我們成為達爾文的另一個謎題。

於是，又要談到策略了。我們先前看到，最卑鄙的策略應該獲勝，但人類表現得過於忠厚，所以我們都是天生的輸家？羅伯特．艾瑟羅德（Robert Axelrod）是美國密西根大學的政治學家，一九七九年，他舉辦了一場謀士之間的擂台賽，用電腦來驗證，忠厚的策略到底會不會輸。

艾瑟羅德設計一個簡單的「囚徒困境」遊戲。玩家可以扮演囚犯張三或李四，對張三來說，有兩種選擇，「合作」（護著李四）和「背叛」（供出李四），而李四也一樣。

兩人都出合作，各得三分（兩年刑期）。

兩人都出背叛，各得一分（八年刑期）。

張三背叛，李四合作，張三得五分（無罪釋放），李四得零分（十年刑期）。

每個參與遊戲的人，都要設計一套計策，決定何時合作，何時背叛。艾瑟羅德收到十四份策略，他把這些策略編成程式輸入電腦，讓它們一一進行比賽，每次比賽進行兩百回合，看誰的得分最高。

結果出人意料又讓人安心。出背叛的「卑鄙」策略，普遍得到低分，得分最高的策略很簡單，相當忠厚。冠軍是由加拿大政治學家阿納托爾．拉普伯特（Anatol Rapoport）制定，名叫 **Tit-for-Tat**，簡稱 TFT，涵義是「你打我一下，我也打你一下」，或者說「一報還一報」。它的運行原則是，第一回合先合作，接下來的所有回合，你合作我就合作，你背叛我就背叛。以牙還牙，一直進行下去。

後來艾瑟羅德又舉行了一次比賽，六十二個人投稿參加，結果 TFT 還是拔得頭籌。

艾瑟羅德總結道，TFT 之所以強大，是因為它本性友好（喜歡合作），又足夠強硬（誰出賣我，我就背叛誰）。另外，它還很寬容，不計前嫌（先前背叛過的策略，再跟它合作，它會繼續示好）。總之，這是一個「謙謙君子」的策略。

未來的陰影

艾瑟羅德的遊戲，跟囚犯的故事有個明顯的不同，它要做出兩百回選擇，而囚犯只能選擇一次，誰也不能連著兩百次判刑。所以，張三和李四必須從長計議。

需要從長計議的遊戲，不會是「零和遊戲」（zero-sum game），也就是說，雙方所得到（失去）的利益，加起來不是零。多數體育競技遊戲都是零和遊戲，有人勝利，就一定有人失敗，這樣競爭自然會變得激烈。然而在艾瑟羅德的遊戲裡，因為合作的時間很長，我們不必打得你死我活，雙方可以長期合作，達成雙贏。

如果張三和李四只有一面之緣，彼此背叛是最理性的做法，卑鄙小人戰勝正人君子。如果張三認為，將來的合作還很長，受到雙贏的誘惑，又害怕遭到復仇，最好採取友善的 Tit-For-Tat 策略。艾瑟羅德把這種現象稱為「未來的陰影」。人常說，低頭不見抬頭見，遠親不如近鄰。大家都不樂意「殺熟」，欺負長時間與我們合作的人。路怒症常發作於大城市的馬路上，因為我們知道，這時路過的車，可能一輩子都不會再見，罵它兩句也無妨。

歷史學家托尼·愛希華茲（Tony Ashworth）記錄了第一次世界大戰西線發生的怪現象：

在同一個地方，有長期駐守且經常見面的英國兵和德國兵，由於雙方都不知道何時會被調走，從一九一四年起，至少有兩年，兩國士兵表現得異乎尋常的「客氣」。

德國兵走出戰壕的時候，英軍不願開火，因為這是「不禮貌的」。兩方都可以在射程裡走來走去，開炮有一定的時間和落點，不為打人，只為做個樣子。有的士兵甚至成了朋友，隔著戰壕聊天，聖誕節還互祝節日快樂。

遇到合適的環境，TFT是個很強大的策略，正人君子也沒有我們想像的弱小。戰爭可能是最需要出「背叛」的情況，然而，「未來的陰影」仍可以化干戈為玉帛。當然，德軍和英軍的長官可並不太想學習這個道理！

血「債」血「償」

根據螞蟻專家威爾森的描述，崔弗斯是個充滿才氣的人，在他情緒高昂的時候，各種好點子和笑話都如同潮水一樣滾滾而來。他脾氣暴躁，曾經在酒吧裡跟人發生肢體衝突。在哈佛大學開始學習生涯的時候，崔弗斯就讀的是數學系，當時他連河馬和犀牛都分不清，但後來他轉換興趣開始研究生物。他年輕時在哈佛寫的演化生物學論文，為達爾文主義者開闢了一個全新的領域。

在艾瑟羅德開始他的遊戲十多年前，崔弗斯就提出，動物表現得善良，可能是因為牠們在互相幫助，稱為互惠利他（Reciprocal Altruism）。艾瑟羅德發現ＴＦＴ的強大之後，也開始對生物產生興趣，一九八一年，他和漢彌爾頓（就是提出親屬選擇的那位）在《科學》（*Science*）上發表了一篇論文，討論動物世界裡的囚徒困境與合作，大受好評。

一九八四年，生物學家傑拉爾德．威金森（Gerald S. Wilkinson）帶回了他在哥斯大黎加研究吸血蝙蝠（學名 *Desmodus rotundus*）的結果。吸血蝙蝠住在樹洞裡，一般是雌蝙蝠帶小蝙蝠，組成集群，雄蝙蝠搬出去。雖然有點嚇人，蝙蝠間的「室友」關係相當友善。飢餓的蝙蝠可以向吃飽血的蝙蝠乞食，用鼻子磨蹭人家的喉嚨，吃飽的蝙蝠會吐出血餵牠（當然不是蝙蝠血！）。對蝙蝠來說，互相餵食不是零和遊戲。飽蝙蝠能喝下相當於一半體重的血量，然而餓蝙蝠六十小時喝不到血就會餓死，吃撐的蝙蝠吐一點血出來，自己風險不大，但對於餓蝙蝠卻是解了燃眉之急，這筆交易是雙贏的。

蝙蝠互相餵食的行為有點像蜜蜂。大多時候，蝙蝠會把血餵給自家孩子，所以親屬選擇的解釋在這裡行得通。然而，熱心的蝙蝠也餵毫無親緣關係的室友。崔弗斯和艾瑟羅德告訴我們，蝙蝠餵食的行為其實是互惠互利關係的展現。蝙蝠既關心親人，也喜歡「良朋」，跟《詩經》的說法有點不一樣。

蝙蝠「室友」共同生活的時間很長，有時長達十幾年。牠們和英國兵一樣，同樣面臨「未來的陰影」。於是，自然選擇在蝙蝠中開始偏袒那些TFT的行為：這次我餵了你，你下次也會來餵我。威金森發現，蝙蝠喜歡餵熟悉的同類，「熟人」可能餵過牠，將來牠也可以指望「熟人」的報恩。在蝙蝠裡，吸血蝙蝠的大腦算是大的，腦中成為新皮層的部分比較發達，似乎說明牠們有較好的記憶力，能記住誰是幫過自己的朋友，讓善者終有善報。

黑猩猩的政治

在動物世界，互惠利他的例子，遠遠少於幫助親戚（親屬選擇）的例子。TFT雖然是優秀的策略，但它的使用條件也很苛刻：要有不錯的記憶力，能夠記住誰是好人（合作），誰是小人（背叛），做到恩怨分明。還要有一幫經常陪在身邊的同類（未來的陰影），能夠成為彼此合作的死黨。最符合這些條件的動物莫過於人類，不過，我們先來看看人類最近的親戚。

從一九七五年開始，荷蘭科學家弗蘭斯．德瓦爾（Frans De Waal）一直在位於阿納姆（Arnhem）的伯格斯動物園（Burgers' Zoo）觀察一群半野生環境裡飼養的黑猩猩。見證了三隻強壯的雄黑猩猩為爭奪頭領地位所進行的漫長又跌宕起伏的鬥爭。這三隻黑猩猩都有名字，考慮到文化差異，我不打算直呼其名，按照年齡，我把最老的Yeroen叫做大叔，中年的Luit叫二叔，最年輕的Nikkie叫小哥。

雖然黑猩猩體格強壯，但牠們之間的地位關係，並不全靠戰鬥力決定。對牠們瞭解得越多，越會覺得黑猩猩的權位鬥爭曲折複雜，綿裡藏針，甚至還有許多計謀，互惠的TFT計策也在其中。

一九七六年夏天，當時的雄黑猩猩頭領是大叔，二叔對這個位置懷有野心，但牠一旦攻擊大叔，就會遭到許多雌性和未成年黑猩猩的反抗，甚至毆打。二叔只能避免正面衝突，改為「挖牆腳」。見到雌黑猩猩與大叔靠近，他就會動手打雌黑猩猩，甚至踩在可憐的女士背上跳。

感受到二叔的威脅，大叔與「手下」交流的時間增加了一倍，但無法阻止自己漸漸被孤立，最後被二叔篡位。到後來，即使是旁觀者，也能看出大叔請求「手下」幫助，卻得不到回應的痛苦和沮喪：大叔撲倒在地，向雌黑猩猩們伸出雙手，連聲哀叫。得民心者得天下，沒有手下提供支持，首領的位置是坐不穩的。

黑猩猩群的穩定依賴於同類間友善的利他行為。這種利他是互惠的，TFT的利益交易。二叔擔任首領之後，對雌性的態度一百八十度大轉彎，雌黑猩猩打架的時候，牠會主動拉，減少衝突。牠還會「鋤強扶弱」，支持打架打輸的雌性。這樣，整個黑猩猩群的氣氛都平靜了很多。首領在平時保證大家安全，作為交換，「手下」在非常時刻給予首領支持。

雄黑猩猩相處時，也遵守互惠互利的原則。大叔被趕下寶座之後，與剛成年的小哥親密起來，這一老一少結成合作關係，與二叔相對抗。雙拳難敵四手，一九七八年，小哥成為頭領。大叔扶持小哥稱王，對牠來說，是一種合作的行為。根據TFT原則，牠指望得到小哥的合作作為報答。

然而，小哥的態度不能說惡意，卻多少有點含糊不清，「不夠意思」。當兩隻老雄性發生衝突，二叔明顯占上風的時候，他才姍姍來遲，幫大叔一把。一九八〇年，大叔和小哥突然反目，二叔乘虛而入，當上了頭領。曾經威風的小哥垂頭喪氣，趴在地上向二叔「致敬」。大叔用背叛報復了小哥的背叛。

雄性黑猩猩之間的互惠合作，更像是政治家的關係，有時顯得朝秦暮楚。不久之後，發生了這個黑猩猩群裡最大的事故，二叔被咬成重傷，搶救無效身亡。大叔和小哥都沒有受多少傷，打敗一隻孔武有力的雄黑猩猩並不容易，說明牠們是聯手做案——聯盟又恢復了。

TFT策略的一大特徵，就是懂得寬恕，與背叛過自己的人合作。

天生精明

心理學家有很多讓人失望的發現，其中一個就是，人類的邏輯學很差。如果你不信，可以試一下「華生選擇任務」（Wason selection task）：桌子上有四張紙，每張紙一面是字母，一面是數字且互不重複，假設寫著A、B、2、3，我說，凡是寫著元音字母的紙張另一面都寫著偶數。你要翻開哪兩張紙，才能知道我說的對不對？

許多人在這裡會選錯，至少會停下來想一想。在這裡，重要的並不是答案，而是要讓大家注意到人類對邏輯推理是很「苦手」的。不過，我並沒有覺得人類是傻瓜，我們有我們擅長的領域。

我們換一個問題：你是酒吧的夥計，根據規定，只能賣酒給成年人。酒吧裡有四個人，第一個二十五歲，第二個十六歲，第三個買了酒，第四個買了汽水。你覺得哪兩個人破壞這條規矩？

「如果這一面寫著元音字母，那麼另一面寫著偶數」和「如果一人可以買酒，那麼一定是成年人」是很相似的問題，邏輯推理過程相同。但哪個比較容易，顯而易見。

如果把我們熟悉的喝酒問題換成更陌生的形式，比如「如果一人要吃木薯，那麼一定要在額頭上刺青」，「如果一人在街上攜帶雷射武器，那麼此人一定是外星來的」，我們還是覺得比元音字母的問題要容易。「容易」的問題有個共同點：涉及人類社會中的「交換」。

一場公平的交換，本質上和TFT是一致的。你付出代價，就能獲得利益，相當於張三和李四的合作，或者兩隻黑猩猩的聯盟。人類天生對交換關係敏感，對忘恩負義的騙子尤其敏感。如果一個人沒有付出代價，卻得到了好處（比如喝酒的十六歲孩子），我們就會義憤填膺，揪住壞人不放。TFT是善良的，也是明察秋毫的。不計得失，一味傻乎乎地與別人合作，就會被聰明人出賣。

自然選擇在我們的基因裡，塑造了一種本能，幫助人類識別壞蛋，公平交易。大腦某些區域損傷的病人，其他方面的智力都正常，但在回答涉及交換的問題時，卻格外的糊塗。說明這一能力很可能存在特定的腦區裡。前面說過的最後通牒賽局，也是這種本能的展現，很多人寧可自己少拿錢，甚至不拿錢，也要主持公道，他們指望靠自己的公平、正直與別人開展友好互利的社會合作。

奧地利動物學家康拉德．勞倫茲（Konrad Lorenz）飼養過許多動物，他有一隻寒鴉（學名 *Corvus monedula*），這種鳥在求偶的時候，會用嚼爛的蟲子餵雌寒鴉。然而勞倫茲的寒鴉偏偏「看上了」主人，不僅餵他蟲子，還餵到耳朵裡。這隻鳥顯得好笑，是因為牠的本能行為（求偶），發洩在錯誤的對象上（主人）。有時，人類的表現也跟寒鴉相像。

對待周圍的人、動物、器物，甚至於根本不存在的「神明」，我們經常會遵守TFT的原則，期待善有善報（你合作我也合作），惡有惡報（你背叛我也背叛），不管對方適不適合玩TFT的博弈遊戲，甚至根本無知無識，不能博弈。小羊吃奶時彎下前腿，我們不是以為牠在跪謝母親的恩情嗎？環境遭到破壞的時候，我們不是會說「這是大自然的報復」嗎？販賣機「吞」了錢，卻沒有東西出來，我們不是要給它一腳嗎？

強烈的本能衝動驅使著我們，與周圍的一切東西進行社會交換，就像寒鴉往主人耳朵裡餵蟲一樣。

長頸鹿宴席

格鬥漫畫《刃牙》中，主角與冰川裡解凍復活的原始人舉行拳賽，這雖然是一個零和遊戲，但原始人並沒有表現得凶殘，甚至友好地把自己的食物（生肉）送給對手。雖然在演化生物學方面，《刃牙》叫人笑掉大牙（在人類的演化史中，很重要的一件事是改吃熟肉！），但至少從某個方面，它反映了猿類（包括直立的無毛猿）的天性：我們喜愛分享食物。

對於食物，大多數動物都是自私的，強者先吃，誰地位高誰吃大份。動物之間的等級關係，之所以叫「啄序」，就是因為它最早是觀察母雞啄食發現的。但黑猩猩與眾不同。地位高的雄黑猩猩拿到食物之後，其他黑猩猩就會伸出手朝他討要。牠很樂意把食物分給地位低的黑猩猩，牠之所以大方，是因為其中存在互惠的交換，用食物換取「民心」——「手下」的支持。黑猩猩還會把食物送給幫牠梳毛的朋友。這裡也存在TFT的互惠關係，用梳理毛髮的「服務」換取食物，猿和猴都喜歡梳毛，不僅是抓虱子，也是為了維持親密的關係，就像月餅不僅是食物，也是互送禮物、聯絡感情的手段一樣。

人類也喜歡分食。今天還有些部落靠著「純天然」的自然資源為生。比如生活在巴拉圭的阿契人（Ache），非洲坦桑尼亞地區的哈扎人（Hadza），男人狩獵野獸、打魚，女人尋找果實、塊根等素食，還有昆蟲等小動物，我們稱為「狩獵—採集者」。在狩獵—採集者的部落中，有一條不成文的規矩：「小」的食物，比如植物或者一隻鳥，誰找到歸誰所有，至少可以拿到大部分，如果是「大」的野獸，就要在全部落中分食，每人都能分到肉。

人類學家吉米·希爾（Kim Hill）、希拉德·卡普蘭（Hillard Kaplan）和克莉絲汀·霍克斯（Kristen Hawkes）是研究狩獵—採集者分享食物的專家。他們的觀點各異，但有一處是相同的：分享大動物是一種互惠交易的行為。

希爾和卡普蘭關心的是安全問題。狩獵和採集的不同之處，在於它的收穫很不穩定，有時很豐厚，有時一無所獲。阿契人打獵得到的食物熱量，運氣好一天有一百六十七千焦（約四十千卡），比採集四十三千焦（約十千卡）高得多，但運氣壞就只有二十千焦。哈扎人有時獵到長頸鹿，但平均一個月只有一次。分享食物的一大好處是減少風險。長頸鹿重達幾百公斤，幸運的獵人可以舉辦一次盛宴。部落裡的其他人會記著恩惠，按照TFT原則，下次捕到獵物再報答他。今天你吃我的，明天我吃你的，大家的生活都有保障，也能減少浪費。

霍克斯卻對抽象的東西更有興趣。她注意到出色的哈扎獵人會受到其他男人的嫉妒，而且，哈扎人討厭小氣鬼，誰不把肉拿出來分，就會受到大家的唾棄。肉可以用來交換另一種東西：社會地位。大方的人會贏得全部落的尊敬（也會得到女人的崇拜）。這仍然是互惠的交易關係，不是以肉換肉，而是以肉換權勢。

奧茨的啟示

一九九一年，在奧地利和義大利邊境，發現一具在冰川中封凍了五千多年的乾屍，我們給他取名奧茨（Ötzi）。這個人給了《刃牙》和其他漫畫很多的靈感。當然，他已經無法復活了。奧茨不算強壯（身高一百六十公分，還有動脈硬化的症狀），也並不「原始」：他身上到處都是「文明」的痕跡。奧茨穿著皮衣和草斗篷，身上有刺青，還攜帶了許多工具：石刀、斧頭、弓箭和引火器具。他的銅斧做工之精緻，連我們現代人都要讚歎。

奧茨的一身行頭，出自各種人之手——銅匠、木匠，甚至刺青師。這說明，在他的時代存在一種奇特的動物群體，比牛羚的群體更精誠合作，比黑猩猩的群體更複雜——人的群體。

一個人想在大自然中生存，只會做斧頭，做得再好也會餓死。如果他什麼都做：打獵、摘果、製造工具……即使有三頭六臂，也不可能把每件事都做好。一群人通過互惠交換，就能極大地提高生存效率：擅長做斧頭的做斧頭，擅長狩獵的狩獵，然後互惠利他，交換勞動成果，兩方都得到好處。亞當．斯密曾說過，一個人一天至多造二十個釘子，在工廠裡，十個人合作，一天能造四萬多個釘子。其實，「分工合作提高效率」這件事出現得比工廠要早得多。

比起螞蟻和管水母，人類的團體要「散漫」很多，但我們的社會分工之細緻，結構之複雜，跟牠們相比毫不遜色。人類社會裡最基本的分工，就是男人打獵，女人採集。打獵能得到營養豐富的肉，但失手的風險大，採集比較「旱澇保收」，卻得不到足夠蛋白質。獵人需要草莓，採果人需要野豬肉，靠著TFT的原則，雙方合作，我們的生存能力就大大提高了。

達爾文在他闡述自然選擇的名著《物種起源》結尾處，很高興地寫道：從自然選擇的視角，看待芸芸眾生是非常有趣的。用自然選擇，尤其是從自然選擇所篩選的基因視角，看待眾生（包括人類！）的群體，也是非常有趣。利他和自私，合作和背叛，也許有一些事情讓我們心冷，但也有一些事情讓我們相信一加一大於二。

08

為什麼有的動物會吃便便，是哪些動物呢？為什麼熊貓每天便便的次數多達百次？

「養小兔子？不行，你知道牠拉得又多又臭嗎？」很多人小時候都被這句話狠狠地打擊過。動物可愛，便便可怕，這是人類一廂情願的想法。因為我們恰好是一種比較少見，覺得便便很噁心的動物。

大熊貓，愛便便

貓咪的主人常被戲稱為「鏟屎官」，熊貓那麼萌，做牠的鏟屎官，大概是很多人夢寐以求的工作。然而事實並沒有那麼美妙。這不僅僅是因為，熊貓是一種熊，也不僅僅是因為，牠們比貓危險得多。

春天竹筍長出來的時候，大熊貓幾乎只吃筍，平時吃竹葉和竹稈。竹筍裡八分之七都是水，野生動物學家喬治・比爾斯・夏勒（George Beals Schaller）說過，熊貓以竹筍為生，就像一個人只吃西瓜一樣。**大多數食草獸類，都有體積龐大、結構複雜的消化系統來對付粗糙的食物。大熊貓不然，牠的腸子很短，胃是簡單的一個「口袋」。牠從竹子裡得到的營養，少得可憐。**

所以熊貓一刻不停地在吃，一天可以吃下四十公斤筍或者十七公斤竹稈，並儘快把這些東西運過消化道。春天，大熊貓每天排便一百三十多次，每次的量達到一百八十克。熊貓的便便是暗綠色的，不臭，還有青草般的清香。跟吃下去之前相比，它並沒有太大的變化，裡面甚至能找到咬碎成一絲一絲的竹稈，叫做「咬節」，這是野外研究大熊貓的重要資料。

吃竹稈和竹葉的季節裡，會出現一件怪事，熊貓的便量比食量大。竹葉一半是水，在植物裡算是含水少的，大熊貓只能從竹葉裡吸取很少的營養，卻要喝進大量的水，好讓腸道裡的東西「順利通過」。

黑猩猩的智慧

塞內加爾的方果力（Fongoli）是黑猩猩分布地區裡最靠西北的地方。這裡氣候乾旱炎熱，草地多於森林。黑猩猩以森林中的植物為主食，對牠們來說，方果力是個很貧瘠的地方，必須採取一點非常手段，來獲取寶貴的營養。

刺合歡（學名 *Parkia biglobosa*）和猢猻樹（學名 *Adansonia digitata*）的果實是黑猩猩重要的食物來源。這兩種果實裡面的種子，都有結實的外殼，裡面富含蛋白質、脂質和水分。**黑猩猩吃果子的時候，把種子整個吞下去，當然不太利於營養的吸收。牠們會用手接住剛排出的糞便，把種子都揀出來，當成美味佳餚吃掉。在腸胃裡走了一遭之後，外殼變得脆弱，更容易咀嚼，有利於吸收。**吃完以後，黑猩猩還要在樹皮上擦嘴。在猢猻樹果實成熟的季節（九月到第二年一月），「循環利用」的猢猻樹種子在黑猩猩的食物中，重要性排第三。對於黑猩猩來說，這是不是一種很可怕的生活方式，我們就不得而知。

順便一提，坦尚尼亞的哈扎人，也懂得猢猻樹種子的價值。他們從狒狒的糞堆裡揀出種子，洗乾淨，搗碎，做成類似麵粉的食物。

盲腸裡的盛饌

同樣是以粗糙的植物為生，兔子的消化能力遠勝熊貓。主要的原因在於牠有一個了不起的盲腸。這是一個長形的口袋，裡面生活著大量細菌，可以分解草和蔬菜裡的纖維素。還有一些細菌，能產生維生素 B 和維生素 K，為兔子增加營養。但是，兔子也有牠自己的難題。牠吃的東西在腸子裡停留的時間很短，細菌來不及完成分解纖維素的工作，這些「過客」就被「送出門外」了。

所以，兔子的腸道裡另有一套玄機，用來提高營養吸收的效率。兔子的結腸會分泌水分，沖洗腸內的食物殘渣，把比較細、軟，能溶於水的部分沖出來，然後借助腸道蠕動的力量，把它們送進巨大的盲腸，讓微生物進行分解。留下來的，比較粗硬的部分，會被結腸吸乾水分，變成一粒粒又乾又硬的褐色東西，也就是常見的兔子便便。

盲腸裡的內容物，也會走同樣的「出口」，來到兔子體外。它比普通的硬糞便含水多，蛋白質含量是硬糞便的一點八倍，還有纖維素分解成的醣類、維生素、脂肪酸和微量元素。一般人很少見到這種特殊的「營養品」，一來，兔子排出盲腸「存貨」的時間，是午夜零點到三點；二來，「存貨」一出來，兔子就彎腰用嘴接住，貪婪地把它吃掉。其他一些小型的食草動物，包括鼠類和有袋動物，也能製造這種盲腸裡的營養品。

黑豆狀的普通兔子糞，營養貧乏，兔子是不愛吃的。野生兔子在洞穴裡，躲避捕食者的時候，會拿「黑豆」來啃一啃解決飢餓，聊勝於無嘛。

世上只有媽媽（的便便）好！

無尾熊只吃尤加利樹葉，這個單調食譜的好處是，食物隨處可得，沒有誰跟牠爭食。壞處是，尤加利樹具有強大的化學武器。尤加利樹葉含有許多單寧，單寧會跟蛋白質牢固地結合起來變得無法消化。許多植物都用單寧來打擊嘴饞的動物，難吃的青柿子，生核桃芬芳苦澀的綠皮，咬一口，舌頭就像抹了膠水一樣，這就是單寧的功勞。

母乳是容易消化的食物，但尤加利樹葉就不同了。斷奶之後，小無尾熊的進食，就彷彿遊戲被設定成「困難」模式。無尾熊有碩大的盲腸，裡面有多種細菌，有的能分解纖維素，有的能「拆開」結合在一起的單寧和蛋白質，讓蛋白質重新變得可以吸收。小無尾熊用一種非常奇特的辦法，從母親那裡得到消化食物必需的細菌。

小無尾熊長到六至七個月，就開始嘗試母乳以外的「食物」。牠從袋子裡探出頭和前爪，用鼻子蹭母親肛門周圍的毛。受到這個刺激，雌無尾熊就會排出盲腸裡的糊狀物，小無尾熊會迫不及待地把它舔掉。嚴格說來，小無尾熊的「營養品」並不是便便。正常的無尾熊便便是乾硬的圓丸狀，腸道榨乾裡面的水分，多數細菌都被殺死。「營養品」通過腸道的速度很快，保證細菌完好無損，直接送給小無尾熊。

這種特殊的食物，每天要服用二至七次，大約二十天以後，小無尾熊就可以食用新鮮的尤加利樹葉了。尤加利樹葉含有香氣沖鼻的芳香油，可以做咳嗽喉糖的香料。無尾熊身上沾著尤加利樹葉汁，所以牠雖然吃便便卻渾身散發出「糖果味」的芳香。

09

為什麼小海豹總躺在雪地上、可以短時間內斷奶？為什麼小海豹斷奶後要斷食一段時間？

在北極，軟軟的、白白的、鼻子黑黑的、眼睛濕漉漉的海豹幼崽，可愛的樣子讓人少女心萌動。牠們躺在雪地上，是在幹什麼呢？

答案很讓少女心破滅：**吃，還有長胖**。

餵奶的金氏世界紀錄

生活在北極，海豹面臨一個很大的危險：北極熊。在水裡，海豹速度可以完勝熊，但是陸地上牠根本沒有還手（鰭）之力。海豹不能一直躲在水裡，首先，牠必須到水面上換氣，其次，牠必須在陸地上生小海豹。**北極的小海豹要趕快發育，長大到可以游水躲避北極熊，**

為此，海豹只能把哺乳的時間儘量壓縮。

想說明海豹的哺乳方法奇葩到什麼程度，最極端的例子就是冠海豹（學名 *Cystophora cristata*）。一般來說，越是大型的動物，生活節奏越慢，壽命也越長。雌的冠海豹體重一百五十公斤以上，雄海豹可以達到她的兩倍，壽命三十年，算是壽命較長的大型動物。作為對比，我們再看看小動物，尖鼠（學名 *Sorex araneus*）體重十二克，壽命僅一年。

哺乳時間呢？尖鼠幼崽二十二天斷奶，冠海豹幼崽……五至十二天斷奶，最短四天！這是所有動物裡最短的哺乳期了。

順便一提，還有一種動物，比起和牠體格相同的其他動物，哺乳的時間異常的長……那就是人。

日常生活就是吃和長肉

跟人類嬰兒不同，小海豹剛出生時非常瘦。

小海豹在長肉

豎琴海豹（學名*Phoca groenlandicus*），也就是出鏡最多的、可愛的毛茸茸白海豹，出生時體重只有三%是脂肪，比健美選手競賽期的還少。肥萌軟湯糰的外表，完全是白茸茸的毛皮造成的錯覺。

冠海豹的體脂肪要多一些，剛出生的小海豹有一四%的體脂肪量，相當於普通男人。可能是因為牠待在不穩定的浮冰上，媽媽很難準時找到牠，而且有跌落到海中的危險，脂肪能提供保命的能量儲備，還可以在水裡保暖。牠的哺乳期極端的短，也許是另一個原因（生下來多一點肥肉，就可以少餵點奶）。

但是，斷奶後十三天，小豎琴海豹的脂肪竟占到體重的四七%。牠平均每天吃奶三．七公斤，體重增長二．三公斤，這是海豹奶的功勞，哺乳前期，豎琴海豹奶的脂肪含量是三六%，後期升到五七%，跟奶油一樣，冠海豹甚至更高，可以超過六〇%。

在短短四天的哺乳中，冠海豹寶寶能長胖二十多公斤。雖然如此神速，但小海豹的內臟成長速度，並不比普通的家豬快，甚至有些器官還要更慢。牠增長的體重裡，脂肪占到七〇%以上。

這個過程中，脂肪就像從加油站到油箱裡一樣，雌冠海豹的體重從一百七十九公斤掉到一百五十公斤，其中八成是脂肪。另外，雌冠海豹合成乳汁的速率也是海豹裡最快的。

媽，是不是該給我打錢了？

斷奶之後，小海豹不是立即轉為吃魚和磷蝦，而是斷食相當長的一段時間。雌海豹回到海裡，把小海豹丟在浮冰上，隨波逐流四至六星期的時間（真是狠心的媽），然後小海豹才下海覓食。這個禁食過程中，囤積起來的肥肉就有用了，小海豹禁食期的能量來源，一半來自皮下脂肪，另一半來自內部組織。

通過迅速增肥和長時間禁食的結合，小海豹把攝取食物和消耗能量分開，而在人類中，這兩件事總是聯繫得很緊密。

我們作為一種少食多餐的動物，會覺得小海豹的生活不可思議（一天給你兩百個漢堡，五十塊巧克力，然後讓你兩個月不吃）。但是，人類中也存在著「短時間解決吃飯問題，然後長時間不聞不問」的策略，問問你爹媽你就知道了，這個辦法一般稱為「生活費」。

10 為什麼猴子不應該吃香蕉？為什麼猴子吃過多澱粉食物會有害生命？

猴子的飲食習慣：樹葉當主菜，香蕉當點心

英國「美食」舉世聞名，連猴子也受到荼毒。二〇一四年，《衛報》（*The Guardian*）報導，佩恩頓動物園（Paignton Zoo）從猴子的食譜裡拿掉了香蕉，代之以綠色蔬菜和樹葉。管理方解釋說，**水果的養分不均衡，糖分多，纖維素少，讓猴子吃太多香蕉，就像小孩拿蛋糕、巧克力當飯一樣，有礙健康**。猴子對此可能有些意見，但牠們又不是小孩子，不管怎樣鬧，大人也不會心軟。

猴子吃香蕉有礙健康，很多人聽到會無法接受。從老祖先孫大聖開始，猴子吃水果不就是天經地義的事嗎？香蕉不是健康食品，難道還是垃圾食品不成？要知道猴子為什麼不該吃

太多香蕉，首先要理解猴子的健康飲食標準。

靈長目動物的食譜各式各樣。一些保留原始特徵的小猴，比如眼鏡猴屬（*Tarsius* spp.），八五%的食物是昆蟲。獅尾狒（學名 *Theropithecus gelada*）幾乎只吃草。倭狨（學名 *Cebuella pygmaea*）咬破樹幹，舔食流出來的樹汁，順便捕捉被樹汁吸引過來的昆蟲。金竹馴狐猴（學名 *Hapalemur aureus*）更奇怪，牠的主食是一種大型竹子（學名 *Cathariostachys madagascariensis*），含有劇毒的氰化物，牠每天攝入的氰化物，是同等大小動物致死量的十二倍。

大多數靈長類的食物裡，都包含大量纖維素含量高、營養價值低的植物莖葉。這是人類和猴子食譜最基本的不同。疣猴亞科（Colobinae）的金絲猴和葉猴，擁有巨大的胃（容量可以達到三升），裡面居住著眾多的共生微生物。雖然四肢苗條，但這些猴子看上去還是像有啤酒肚。

微生物可以分解纖維素，幫助猴子消化樹葉、樹枝，還有金絲猴的特色菜「松蘿」，是一種長在樹枝上的地衣，貌似掛在樹上的白鬍子。從這方面來看，猴子的胃更像是羊而不是人。廣西南部的珍稀動物白頭葉猴（學名 *Presbytis leucocephalus*），食譜裡有四十二種植物，即使是在果實成熟的七至八月，牠的食物也只有三五%是果子，其餘幾乎都是樹葉。

人的腸胃體積小，構造簡單，只能接受容易消化、「細緻」的食物，對我們來說，香蕉算是高纖維，對猴子來說就是「細膩絲滑」，跟巧克力差不多。猴子的高纖維食物，比如樹葉青草，我們根本無法入口，只能做床墊。

嘴饞之過：澱粉雖好，貪多有危險

也有一些東西，是我們經常吃，但猴子不能隨便吃的。孫悟空離開花果山之後，從吃桃子改成吃米飯。**雖然靈長類都具有消化澱粉的能力，但我們在這方面超出其他猿和猴子。人類有好幾個製造唾液澱粉酶的基因，而黑猩猩只有兩個。澱粉酶基因越多，消化澱粉的能力就越強。**

動物園裡猴子的伙食，確實會包括一些穀物和薯類，但必須控制好量，不能太多。比如成都動物園的川金絲猴，每天可以得到三百克窩頭、一百五十克白薯和一公斤蔬菜（每週還餵一次大蒜，不知為何）。對於主食是樹葉的猴子來說，食用太多澱粉，破壞了胃裡微生物的「生態平衡」，甚至會有生命危險。糟糕的是，對猴子有害的東西，偏偏也有非常大的誘惑力。

澱粉和糖都含有很多的能量，植物不會無緣無故浪費能量，在自己的組織裡堆積糖或澱粉，把樹幹變成麵包，樹葉變成餅乾。寶貴的澱粉和糖，要不是作為植物生長所需的「儲備糧」，存放在種子和地下根、莖裡，用毒素和硬殼嚴密保護起來，再不然就是作為零星的「紅包」，以花蜜、果肉的形式，獎勵傳播種子或花粉的動物。

自然環境裡，富含糖和澱粉的食物，都是難得的珍品。動物吃到之後，可以享受豐富能量帶來的好處，又很少有機會吃得過量。大多數靈長類動物，都演化出對於高能量食物，特別是對糖的強烈偏愛。喜歡吃甜食對牠們是有益的。

到了人類世界裡，蛋糕、點心唾手可得，即使是香蕉、白薯這樣的「天然」植物組織，也經過人工選擇變得果實更大，糖分更多，纖維素更少。這時，嘴饞就成為一個缺點。日本大阪的大濱公園（Ohama Park）裡，雖然有「禁止投餵動物」的警告牌，獼猴（學名 *Macaca mulatta*）還是因為遊客餵給的零食，胖得一塌糊塗，有的猴子體重達到二十公斤（正常獼猴只有七．七公斤重）。

二〇一二年，北京動物園有一隻川金絲猴（學名 *Rhinopithecus roxellana*）死於急性胃病。具體病因不明，但有一件事值得注意：在金絲猴展區，有很多遊客餵猴子，有人把東西高高扔起來，越過鐵絲網，還有人把玻璃展窗的接縫弄開，把食物遞過去。遊客以為只是「玩耍」的舉動，對世界僅存幾千隻的珍稀動物，卻可能是致命的危險。

11

為什麼鳥會懂得釣魚的技術，這是牠們的本能嗎？為什麼動物能學會新技能、是如何學會的？

這是平常的一天，在巴黎的杜樂麗花園（Jardindes Tuileries），遊人往水池裡扔麵包餵鴨子。一隻銀鷗（學名*Larus argentatus*）飛落到鴨群旁邊，接起一片麵包，並沒有吃，而是把麵包放進水裡，低頭看著它，如果麵包往下沉了，就把它撈起來。牠這麼做的目的，很快就出現：饞嘴的魚向麵包游過來，銀鷗一下啄中了一條手指長的金魚。如果麵包被魚吃掉了，牠就從遊人那再撿一片。十五分鐘內，這隻鳥用了十片麵包，逮到兩條魚。

這是皮埃爾－伊夫・亨利（Pierre-Yves Henry）和簡－克里斯多福・阿澤爾（Jean-Christophe Aznar）在二〇〇五年觀察到的一幕。鳥會使用誘餌抓魚已經不是新聞。根據威廉・戴維斯（William E. Davis）和朱麗葉・吉克弗斯（Julie Zickefoose）一九九八年的統計，人們目擊過九種鳥會這門技巧（現在數字可能還有增加），包括海鷗和鷹科的猛禽黑鳶（學名 *Milvus migrans*），其餘大多屬於鷺科。

最著名的漁夫是綠蓑鷺（學名 *Butorides striatus*）和美洲綠鷺（學名 *Butorides virescens*）。一九五八年已有人發表論文，介紹綠蓑鷺用誘餌捉魚的神奇本領。西非、南非、美國、古巴、祕魯和日本，都有人目擊到這兩種「漁夫」釣魚的奇景。

東京大學的名譽教授樋口廣芳（Hiroyoshi Higuchi）發現，日本和美國的綠鷺漁夫，在技巧上各有不同，自成門派。樋口在日本熊本地區見到的綠鷺，隨便抓到什麼就拿什麼來當誘餌，小樹枝、葉子、羽毛、昆蟲皆可。然而美國佛羅里達的美洲綠鷺比較挑剔，專門愛用遊人丟下的爆米花和麵包。日本的鷺會把誘餌扔到離魚很近的地方，美國的鷺放得遠一些，等著魚自己游過來。這可能是因為麵包比葉子更具誘魚效果，雖然餵過魚的人都知道，好奇的魚看見什麼都會嚐一嚐。

綠鷺花在捕魚上的時間和成果，也各有不同。熊本一座公園池塘裡的綠鷺，有些只是偶爾為之，有些把超過八〇%的捕食時間都花在用誘餌捉魚上。棲息地裡有樹叢和石頭，藏匿身形的綠鷺，平均在一小時內可以用三．八個誘餌抓到二．六條魚。樋口不滿足於光看熱鬧。在邁阿密水族館（Miami Seaquarium），他把麵包和魚餌撒進水裡，故意讓一隻人工飼養的綠鷺看到。這隻鳥藉機揩油，抓到不少被誘來的小魚，但牠從來沒有自己拿起誘餌誘魚。樋口教授認為，這說明釣魚不是本能，而是一種罕見透過學習而來的行為。

戴維斯和吉克弗斯進一步列舉「釣魚技巧」是學習而來的三條理由：

第一，這種行為相當稀少，綠鷺是一種分布很廣泛的鳥，而綠鷺釣魚的報導總是東一處西一處零星地出現。

第二，有些鳥用人扔下的食物做餌，牠們可能是看到遊人餵魚而學會釣魚的。

第三，在同一個地方，往往會出現好幾隻會釣魚的鳥（樋口在熊本的公園裡，發現一個池塘有三隻綠鷺會釣魚），說明牠們可能相互學習過。

你不能說鳥愚蠢（在整個動物界裡，鳥類的大腦算是很發達），但牠們顯然沒有聰明到姜太公的程度。理解「魚吃麵包」、「可以用麵包誘捕魚」這些知識超出了鳥類的能力。借助訓練，鳥可以學會很奇特的技能，而不用理解背後的原理。美國心理學家伯爾赫斯・弗雷德里克・史金納（Burrhus Frederic Skinner）曾教會鴿子打乒乓球，不過，他並不是要訓練鴿子馬戲演員，而是在研究動物是怎樣學習新技能的。

史金納發明一種裝置，稱為史金納箱，用獎勵（食物）或懲罰（電擊）來訓練動物。最簡單的史金納箱，裡面有一個橫桿或者按鈕，按動按鈕就會有飼料掉進來。把鴿子或老鼠關進箱子，因為動物總在隨機亂動，偶然碰到了按鈕，就得到飼料。久而久之，鴿子就會一再按按鈕（反之，如果是按下就被電擊，鴿子會儘量避免碰到它）。史金納靠著記錄鴿子啄按鈕的頻次，瞭解「學習」是怎樣進行。他把這個「獎善懲惡」的學習過程，稱為操作制約。

雖然鴿子對於箱子的結構一無所知，但只要有獎賞，牠就會一再重複這個行為。在自然界，也能觀察到動物像史金納箱裡的鴿子一樣學會新技能。一九二一年，有人在英格蘭看見大山雀（學名 *Parus major*）啄破牛奶瓶上的蠟封偷喝牛奶，後來英格蘭、蘇格蘭和威爾斯的大山雀都學會了這招。這是天然的「史金納箱」。山雀隨機亂啄，偶然啄破瓶蓋，嚐到了甜頭，就一再作案成為「慣竊」。我們可以猜想，某次一隻綠鷺，或者別的什麼鳥，偶然把什麼東西掉進水裡，魚被吸引過來，這個突然出現的獎勵，能使牠繼續重複往水裡扔東西，變成一位「漁夫」。

不過人類無權嘲笑呆鳥。因為我們也會把一些事情，和偶然出現的獎勵聯繫起來，而不知道背後的運作原理。科普作家理查．道金斯轉述過他朋友講的一個故事：有個在拉斯維加斯賭錢的人，每次下注以後，就跑到賭場裡的某個特定位置，單腳站在一塊地磚上。也許他有一次贏錢的時候，正好是站在這裡，之後他一直把這塊磚當成自己的「幸運位置」。就像綠鷺一樣，他被意外得到的「魚」給迷住。

12

為什麼烏鴉有超高的生存智慧？為什麼說伊索寓言裡烏鴉喝水的故事是真的，如何證實呢？

在下是隻鳥，名為渡鴉（學名 *Corvus corax*）。我的傭人貝恩德．海因里希（Bernd Heinrich）叫我四號，他是美國佛蒙特大學（University of Vermont）的一位教授，專業方向是鳥類和昆蟲。一九九〇年，海因里希與我合作進行一項研究。我向他稍稍展現了我們烏鴉的聰明才智。

雖然烏鴉家族的形象不是很好——黑不溜秋，愛吃死屍的眼珠，還經常欺負別的鳥，但我們的智慧毋庸置疑。在北歐神話裡，奧丁大神有兩隻渡鴉，牠們飛遍人間世界，為神收集消息。印第安人則相信，渡鴉是創世神和詭計多端的騙子，這些都是很恰如其分的讚美。

那一年的冬天，海因里希在我鳥舍的棲木上拴了細繩子，繩子的另一頭掛著乾香腸。我們啄繩子，拉繩子，從地下往上跳，全無效果。一天之後，我就找到了竅門——低下頭，叼起一小段繩子，踩在腳下，然後再叼，再踩，直到它縮短到可以直接勾到香腸——後來我的室友們也相繼成功。即便在渡鴉裡，我的智慧也屬出類拔萃。

得到繩子上的香腸，需要以正確的順序，做出一大套複雜的動作，我們不是通過慢慢摸索找到正確的方法；而是從毫無章法的亂啄，一下靈光閃現，突然發明出整套高端動作，這顯示我們具有洞察力（insight）。就像是阿基米德從澡盆裡跳出來大叫「我知道了」。

海因里希說，別的小鳥，比如金絲雀，也能學會拉繩子拿吃的。但牠們的智力有限，要人類先把食餌放在棲木上，然後拴上繩子，一點點放長繩子，經過不斷嘗試（也不斷試錯），漸漸學會拉繩的技巧。雖然同是雀形目，金絲雀怎麼能跟渡鴉相比呢？對我來說，那些漂亮的小東西，只是長著翅膀的蛋白質而已。

如果我的例子還不夠使你相信烏鴉家族的智慧高超，那麼你可以再看看我的幾個親戚。西北鴉（學名 *Corvus caurinus*）生活在北美洲，跟我的口味不同，牠喜歡海鮮。西北鴉通常在海灘上搜尋一種岩螺（學名 *Thais lamellosa*），然後飛到岸上，從高空把它扔下來，摔碎螺殼，吃裡面的肉。

整個獲取食物的過程都經過演化的細細打磨，旨在以最少的消耗得到最大的收穫。西北鴉只挑個頭大的螺（長約四公分，就是和橄欖差不多大），除了看，還會叼起來一個個掂重量。平均每個大螺包含的熱量是二．〇四千卡，中不溜的〇．六千卡，小螺只有〇．一一千卡，每一次飛上空中摔岩螺，都要消耗〇．五五千卡，也就是說，從包含的能量來看，只有大岩螺值得一吃。如果能找到的螺都很小，牠們寧可去吃其他東西。

另外，大螺因為比較重，從高空摔下比小螺更易碎（從十公尺高度掉下來，小螺要十次才會摔碎，大螺只要兩三次）。西北鴉還會控制飛行的高度（平均大約五．二公尺，差不多是摔碎岩螺所需的最小高度，上升飛行是很耗力氣的），挑選石頭地，作為砸海螺的砧子。如果岩螺砸得太碎，碎螺殼混到肉裡，牠就去淡水裡洗一洗再吃下去。

驕傲的人類也許會說，這只是本能而已。但**用本能來證明動物很聰明是不靠譜的。許多了不起的行為都是自然選擇雕琢的結果。**蜜蜂的巢是完美的六角形，可牠並不懂平面幾何。的確，自然選擇只是適者生存而已，並沒有一個聰明的傢伙設計出這些巧奪天工的作品。但是，在自然選擇的手無法觸及的範疇中，我們仍然表現得足智多謀。

都聽過烏鴉喝水的故事吧？這僅僅是一個故事嗎？還是我們烏鴉的王國中，真出過一名料事如神的烏鴉智者？二〇〇九年，一群禿鼻烏鴉（學名 *Corvus frugilegus*）曾經證明，「烏鴉喝水」的技巧是可以在現實中實現的。人類按照伊索寓言的描述，發明一套刁難牠們的工具：一個透明的筒裝著水，上面漂著一隻烏鴉喜歡吃的蟲子，旁邊是一堆小石頭。水面高度有限，烏喙無法勾到。牠們很快學會烏鴉喝水的辦法來吃到蟲子：把石頭扔進筒中，讓水面上漲，蟲子就會上升到可以觸及的高度。

牠們得到蟲子的成功率超過九八%。禿鼻烏鴉還可以估算用幾塊石頭，才能讓水面升得足夠高。如果蟲子還離得很遠，牠們不會白費勁去啄它，直到還差一兩塊石頭的時候，牠們才會用嘴伸進筒裡試一試（然後再扔進一兩塊）。牠們還學會一些小知識，大石頭比小石頭好使（水面上升得多），往鋸末裡扔石頭是徒勞。

愚蠢的人類歡欣鼓舞，伊索寓言可能不是憑空杜撰的！更讓他們驚訝的是，野生的禿鼻烏鴉從不用工具，禿鼻烏鴉「喝」水的實驗展現的是其高超的學習能力。我們的行為具有極強的可塑性，可以隨環境改變，跟死板的蜜蜂完全不一樣。

不過，烏鴉中的愛因斯坦，還要屬新喀鴉（學名 *Corvus moneduloides*）。人類曾經被定義為「會創造和使用工具的動物」，按此說，新喀鴉就是人。這些生活在熱帶太平洋小島上的小傢伙會製造兩種工具用來捉樹洞裡的蟲子。一種工具是露兜樹（學名 *Pandanu* spp.）的樹葉。烏鴉從樹葉邊緣上咬下一長條，露兜樹葉子上有倒刺，可以像鉤子一樣把蟲牢牢掛住。咬下的葉子形狀是有講究的，一頭寬，一頭窄，寬的一頭比較結實，同時窄的一頭容易伸進樹洞，方便烏鴉進行精細操作。

另一種工具更加複雜，先選一個兩杈的小樹枝，咬住樹杈上面一點點的地方，把一個樹枝擰掉，然後再咬住樹杈下面，把殘餘的樹枝和小樁子一起擰下來。這樣就有一個木頭鉤子，一根樹枝連著一個小樹樁，兩者成一個夾角。接下來再做些細節工作，拔掉樹枝上的葉子，用嘴剝掉鉤子上多餘的木片，這個工具就可以用來「釣」蟲子了。這套技巧年輕烏鴉要反覆練習才能學會。

新喀鴉還會發明新工具。在實驗室裡，一隻叫貝蒂（Betty）的新喀鴉會用彎鐵絲當鉤子，把裝在筒裡的食物勾出來，如果沒有彎鐵絲，牠就把直鐵絲掰彎來自製鉤子，沒有人教過牠，完全出自原創。甚至有人把烏鴉的智慧和早期人類比較——好像把我們跟你們相提並論，是多大榮譽似的。身為猿類很神氣嗎？連黑猩猩都要經過指導，才能學會使用工具（用拉直的管子勾到蘋果）。哼！如果不是你們會做香腸的話，我才不會把世界主人的位置，讓給你們這些直立的裸猿（人類）呢！

13

為什麼人類如此喜愛藍鰭金槍魚（黑鮪魚）？為什麼藍鰭金槍魚不容易人工繁殖？

海中之狼

一九二二年，在西班牙西北海岸的維戈港（Vigo），還未獲得諾貝爾獎的海明威看見一條體長一．八公尺的巨魚一躍而起，再落回水中，發出「如同馬群跳下碼頭的巨響」。這條魚不是《老人與海》（*The Old Man and the Sea*）中的明星馬林魚（旗魚科），而是大西洋藍鰭金槍魚（學名 *Thunnus thynnus*，英文 Atlantic Bluefin Tuna）。海明威興奮地說，如果誰能捕到這樣一條魚，必能「無愧於和古老的眾神同列」。

藍鰭金槍魚，也叫黑鮪，是大西洋藍鰭金槍魚和太平洋藍鰭金槍魚（學名 *T. orientalis*）、南方藍鰭金槍魚（學名 *T. maccoyii*）三個種的統稱。牠們是金槍魚家族中體型最大、最名貴，也是處境最危險的一類。

藍鰭金槍魚的外衣顏色之美，足以和牠鏗鏘華麗的中文名相比，亮藍色的脊背，銀白的腹部帶著暈光，流線型的身體宛若一顆魚雷，飽含強健的肌肉組織，新月形的魚尾每秒可擺動三十次，泳速最快達到每小時七十二公里，可以連續游動八千公里，在六十天內跨越大西洋。那條海明威欣喜不已的巨魚，在大西洋藍鰭金槍魚中只是小個子，大西洋藍鰭金槍魚的體重可以超過四百公斤，足以同《老人與海》中壯美的馬林魚平起平坐。

為了維持運動所需的高速新陳代謝，金槍魚體內含有大量吸收氧氣的肌紅蛋白，還擁有產生熱的肌肉，發達的血管把熱保存在體內，使牠的體溫比周圍的水溫高出攝氏八度。藍鰭金槍魚是海中之狼，整個身體都往追求泳速和力量的方向演化，以飛快的速度追捕小魚和魷魚。

金槍魚物種危機

這些華麗的動物，死了同樣身價不凡。東京的築地市場擁有世界上最大的藍鰭金槍魚拍賣會，二〇一一年一月，一條三百四十二公斤重的大西洋藍鰭金槍魚在這裡以將近四十萬美元的價格售出。**藍鰭金槍魚肉的脂肪含量達到一五%，比其他金槍魚高得多，因此入口即化，風味獨特**。在日本這個海鮮之國，藍鰭金槍魚豐腴的腹肉被視為頂級珍饈，對於金槍魚不同部位的風味和烹飪方法，老饕們總是津津樂道。

美中不足的是，藍鰭金槍魚體內的汞含量是沙丁魚的六十倍。藍鰭金槍魚是頂級捕食者，小魚要吃一大堆浮游生物，大魚又吃一大堆小魚，這樣有毒物質很容易在食物金字塔高端的動物體內富集。汞中毒的症狀包括頭痛、腎臟受損和性功能減退。

大西洋藍鰭金槍魚

捕捉大西洋藍鰭金槍魚的漁業，古而有之，但藍鰭金槍魚因為脂肪太多，太易腐臭，並不是很受歡迎，有時甚至淪為飼料。所以當時的捕魚業雖然缺乏管理，但不至於給大西洋藍鰭帶來太大的壓力。

「二戰」後，隨著捕魚和冷凍技術的發展，海洋成了人類的狩獵場，二十世紀六〇年代，美國用拖網捕捉大量的大西洋藍鰭做罐頭，導致藍鰭幼魚的種群大大縮減。一九七二年，日本開始用飛機從美國和加拿大運送冷凍的大西洋藍鰭回國，備受好評。一開始，這些大魚的價格很便宜，但很快就扶搖直上。往昔賤比糞土的大西洋藍鰭金槍魚，儼然成為長著鰭的黃金。

然而身價暴漲對藍鰭金槍魚來說，卻是滅頂之災。一九八九年，大西洋藍鰭金槍魚的數量只剩一九七〇年的二〇%，如今更是只剩一〇%。根據世界自然基金會（World Wide Fund for Nature，簡稱

WWF）的估計，二〇〇六年的藍鰭金槍魚捕撈量，全球至少超額三〇%。國際自然保護聯盟（International Union for Conservation of Nature and Natural Resources，IUCN）把大西洋藍鰭金槍魚的表親，南方藍鰭金槍魚列為極危物種（Critically Endangered）——野外瀕危物種的最高級別，順便說一句，由於我們的管理保護有效，大熊貓現在的地位是易危物種（Vulnerable），比南方藍鰭金槍魚低兩級。

亡「魚」補牢

大西洋藍鰭金槍魚的分布範圍極廣，參與捕捉的國家有幾十個，捕捉這種魚類的利潤很高，其間的利益糾葛非常複雜，保護這個物種的工作也變得極為困難。

二〇一〇年三月，在聯合國的《瀕危野生動植物種國際貿易公約》（Convention on International Trade in Endangered Species，CITES）會議上，摩納哥建議把大西洋藍鰭金槍魚列入公約的附錄一，列入這裡面的生物如大象、老虎，在國際上貿易將遭到嚴令禁止。日本（毫不奇怪地）帶頭反對這項議案，最後禁止大西洋藍鰭金槍魚國際貿易的建議遭到否決。

地中海地區一些國家在嘗試蓄養大西洋藍鰭金槍魚，年產量有一萬多噸。但人工飼養法的不如意之處還是很多。魚吃飼料一般很省，因為牠是冷血的，消耗熱量少，水的浮力又讓牠不必耗費氣力支撐體重。但藍鰭金槍魚不同，牠的溫血和快速新陳代謝，需要消耗巨大的能量，每生產一公斤金槍魚，需要十五至三十公斤的小魚做飼料——比人工飼養的鮭魚高出近十倍。而且**藍鰭金槍魚很挑嘴，餵牠吃的小魚，質量要求和供人吃的魚一樣**。

最要命的是，**大西洋藍鰭金槍魚生長很慢——八歲性成熟，壽命可長達三十歲。作為人工飼養的動物，生長慢是很大的缺陷**。地中海的飼養法，是在五月下旬到七月之間大西洋藍鰭金槍魚游往地中海產卵的時候，捕撈五十公斤重的金槍魚，然後蓄養六個月，在這個過程中，金槍魚會增重一五%至二〇%。說到底，這只是把野生金槍魚捉起來餵養，讓牠長胖一點，並沒有解決金槍魚來源的根本問題。而且，捕捉太多年輕的金槍魚，會影響到野生魚的繁殖。

人工繁殖金槍魚的技術，在熱火朝天的研究中。二〇〇九年，在西班牙，養在魚籠裡的三十五條大西洋藍鰭金槍魚產下一億多粒卵，這是大西洋藍鰭金槍魚首次在人工環境下產卵成功。這些卵孵出的小魚，最長命的活到七十三天，長到十四公分長。大西洋藍鰭金槍魚的近親太平洋藍鰭金槍魚，在日本早已有相對成熟的人工養殖業（一九七〇年開始人工飼養〇．五公斤重的小魚，二〇〇二年開始用人工飼養的金槍魚卵繁殖小魚），也許會是一條新出路。在海明威的故事裡，老桑提亞哥連續八十四天一無所獲之後，還假裝若無其事跟孩子討論魚網和鍋裡的飯。實際上魚網已經變賣，食物也早已見底，同樣的事情，是否正在現實世界的海洋裡發生呢？

14

為什麼夜蛾跟著燈光飛會出現迷航呢？為什麼月光和燈光都是光、卻會讓夜蛾飛往不同處？

夜深了。吵吵嚷嚷的蜜蜂和蟬兒都睡著了，但蟈蟈的小樂團還在熱火朝天地練習，院子還是像白天般熱鬧。

「小夜蛾，醒醒！」尺蛾姐姐穿著一件白底黑小碎花的連衣裙，在籬笆牆上的薔薇花前飛來飛去，「後院的瓠子姐姐今天晚上開花蜜聚會！要不要去呀？」

難怪尺蛾姐姐如此高興。瓠子就是當成蔬菜吃的葫蘆，果子不是像葫蘆那樣又圓又胖，而是長長的圓筒形。她的花是白色的，晚上才開，最歡迎的朋友不是蜜蜂、蝴蝶，而是上夜班的蛾子們。

「當然好，」小夜蛾揉揉眼睛，抓抓觸角，「可我不認識路呀。」

「沒關係！」尺蛾姐姐落在薔薇花上，「我教你認路！」

兩隻蛾子並排飛進高高的草叢，矮的野莧菜，高的洋薑，還有更高的小楊樹，像個迷宮似的。小夜蛾緊張起來：「你真的認識路嗎？」

尺蛾姐姐朝天上指了指：「有路標，月光！」

「可是，月光不指著後院啊？！」

「如果我們和月光飛成一個角，問題就解決了。」

「角？是長角天牛的角，還是獨角仙的角？」

「是『角度』的角啦！」尺蛾姐姐提高聲音。「看，這不就是一個角？」她把一隻腿斜向下伸，朝著月光的方向，另一隻往前伸，指向前方的後院，兩隻腿交叉在一起。「只要我們飛的方向，跟月光照下來的方向，一直都是這麼大的一個角，不就能直直往前飛了嗎？」

「我明白了……」小夜蛾小聲說。跟著尺蛾姐姐朝前飛去。

月光的銀線裡摻雜了更長、更亮的金線，原來是小院裡的小房子房簷下的電燈燈光。

「尺蛾姐姐，你看這燈光，不是比月光亮得多嗎？我們拿它做路標，就看得更清楚，也更容易了。」

「好主意啊！」尺蛾一邊叫好，一邊搶先轉向燈光的方向，靈活地調整身體的角度。

「姐姐，記得要飛成一樣的角度哦！」小夜蛾追了上來。

兩隻蛾子用燈光做路標飛了一段。金色的光線越來越亮，好像一根根尖銳的金針。

「尺蛾姐姐，我們是不是離那盞燈越來越近了啊？」小夜蛾擺著觸角，「怎麼燈越來越大，還越來越熱了？」

「是啊，越來越近了……」尺蛾姐姐小聲重複著，露出困惑的表情。「……天哪！」她突然大喊一聲，拉著小夜蛾，一個俯衝向下飛去。電燈的燈罩上趴著一條壁虎，正虎視眈眈地瞪著她們倆呢！

兩隻蛾子，直直下落，落到房簷下擺著的木箱上喘氣。忽然，腳下傳來一個迷迷糊糊的聲音：「是誰……啊？半夜也不讓人睡覺？」

兩隻蛾子嚇了一跳，小夜蛾小心地朝腳下看去。只見箱子下部，一個四四方方的小洞裡，慢慢鑽出一位穿著黃黑毛茸外套，兩隻觸角短短的，模樣精幹利索的姑娘來。原來是蜜蜂大姐。

尺蛾姐姐說：「我們是要去參加瓠子姐姐的聚會，可是走到半途迷了路，不知怎麼就飛到這盞燈附近。打攪你睡覺，真對不起。」

「都是你的錯，叫我用月光做路標。」小夜蛾在一旁說。

「是你出主意說改用燈光！」尺蛾姐姐推了小夜蛾一下。

蜜蜂看了看頭頂上的那盞燈，忽然眼睛一亮：「不要吵啦！」

「我知道你們為什麼迷路。」

兩隻蛾子驚訝地看著蜜蜂，蜜蜂有些得意，又問道：「你們是用月光做路標，跟月光飛成一個角度的吧？」

兩隻蛾子吃驚地點頭。

「這個道理……畫個圖說明……」蜜蜂用前面兩條腿，在穿著茸毛大衣的肚子上抹了抹，抹下幾片薄薄的蜂蠟來，黏在一起做成一塊畫板。

蜜蜂小聲說，「你們看看，這些線有什麼特別的地方？」

「都是斜的……斜的程度都差不多……」小夜蛾思考著，「我知道啦，這些都是平行線！」

「對了！」蜜蜂指了指天上的月亮，「**月亮的光線，就是這個樣子的哦，一條一條，都是平行線，這樣的光，叫做平行光。**」

「**如果你們跟著平行光飛的話……**」蜜蜂又畫出一條直線，穿過那一道道。「**只要一直跟平**

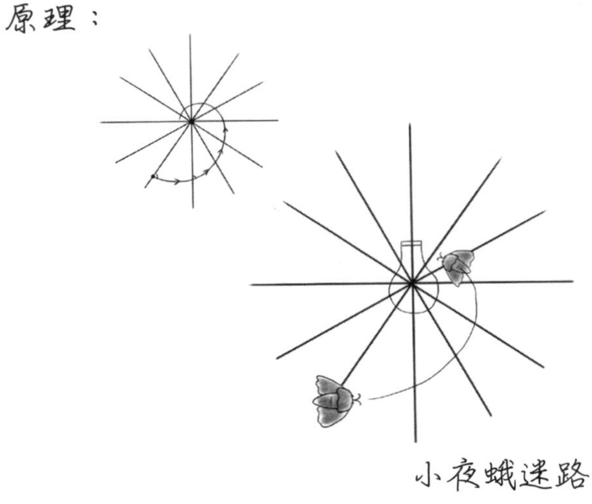

行光飛成一樣的角度，就能直直地往前飛，確實是個好辦法。」

「蛾子家族找路，自古以來都是這個方法……」尺蛾姐姐聽到誇獎，有些得意。

小夜蛾插嘴：「好辦法？那為什麼我們會撞到燈上呢？差一點連命都沒啦！」

「這個，就是因為燈光和月光不同，不是平行光的原因啦。」蜜蜂把畫板轉了個方向，在另一面又畫上幾根交叉的線。

「這次畫的好像蜘蛛網。」小夜蛾說。

蜜蜂指著「蜘蛛網」的中心——幾條線交叉的地方：「這，就是燈泡，就是它發出來的光。」

「你要對著燈泡，直直地飛……」蜜蜂在圖上畫上一條直線。「看看這些光，你飛的路線，跟它還是不是一樣的角度啦？」

「好像越來越大了呢！」尺蛾姐姐說。

「對嘍，根據飛蛾家祖傳的認路法，你們就要跟這些光，保持一樣大的角度……」蜜蜂繼續畫著，「既然角度越來越大，那麼就該往裡飛……看！」

蜜蜂舉起畫板展示。兩隻蛾子湊近一瞧，新畫的線彎彎曲曲，在板子上繞一個圈兒，通往幾條線交叉的中心。

「這個好像我捲起來的嘴巴喲！」小夜蛾叫道。

「也很像蝸牛的殼！」尺蛾姐姐在一旁幫腔。

「對嘍！」蜜蜂點頭，一邊繼續在圖上指指點點，「你看，這個『蝸牛殼』上的每一段，都是和燈光組成一樣大的角，所以這種線叫做等角螺線。」

尺蛾姐姐拍拍翅膀：「我們跟燈光飛成一樣大的角，就要不停地轉著圈兒往裡飛，飛成『蝸牛殼』的樣子，直朝著燈飛過去啦！」

「對了！」蜜蜂放下蠟板，「以後要找路，要跟著月亮的平行光飛，不要跟著電燈飛，這樣就不會迷路啦！」

「明白了！謝謝蜜蜂大姐！」兩隻蛾子飛到空中，向蜜蜂招手道別。

15

為什麼阿根廷蟻能建立起超級蟻國？為什麼螞蟻會寄生在螞蟻身上、是怎麼寄生的？為什麼蜜蟻打架可以很文雅、甚至可以和平收場，到底牠們是怎麼打架的？

偉大的昆蟲學家愛德華．威爾森說過，如果給螞蟻核武器，牠們會在一週內毀滅世界。螞蟻大概是地球上唯一的，比人更熱衷於大規模屠殺同類的動物。不過，演化並不是只知進不知退，自然選擇在一些螞蟻身上，塑造出「不戰而屈人之兵」的策略。

冷戰專家

美國新墨西哥的沙漠裡，生活著美洲蜜蟻屬的一種螞蟻（學名 *Myrmecocystus mimicus*）。蜜蟻這一類螞蟻，擁有獨特的食物儲存方法：螞蟻把蜜露（蚜蟲和介殼蟲的排泄物，主要成分是水和糖）和花蜜喝進肚子，然後自己吊在蟻穴的天花板上，需要的時候就吐給其他螞蟻吃。牠們的腹部很有彈性，可以膨脹得非常大，一隻螞蟻可以儲存幾百隻螞蟻帶來的蜜汁，看上去就像金黃色的大燈泡。

這個辦法看上去很蠢，但其實很有效，食物可以安全地儲存幾個月，沙漠裡資源匱乏，儲滿蜜汁的蜜蟻是很寶貴的財富。

來自兩個不同「國」的蜜蟻碰到一起，會用一種非常文雅的辦法決勝負。兩群螞蟻都努力踮起腳尖，把身體抬起來，有時候還站到石頭、泥土塊上，好像小矮子努力讓自己顯得高一點。螞蟻們面面相覷，繞著「敵人」走來走去，有時候用觸角或腳敲打對方，但不會動牙去咬，或者用蟻酸去噴。整個比武過程不會流血，異常和諧。像人類一樣，比較國家實力，並不一定要通過實在的暴力行為。

兩個螞蟻窩領地的「交界線」上，經常駐守著蜜蟻，不多，兩邊各十來隻，也是踮著腳尖，站在石頭上，相互對峙並不動武。**但是，要是有一邊的螞蟻突然增加兵力，另一邊的螞蟻就會跑回去搬救兵。這樣兩邊的螞蟻越加越多，最後演變成大規模的比武。這其實是一種比較溫和判斷對方實力的辦法。**通過比較參與比武的螞蟻數量，特別是大個頭工蟻的數量，牠們可以知道兩方的強弱。只有發育成熟的蟻群，才養得起大工蟻，所以牠們可以成為「國力」的象徵，就像人類的高端武器一樣。如果兩方實力相當，邊界就歸為和平。一方要是比另一方弱得多，和平就會被打破。螞蟻衝進敵巢，把工蟻和蟻后咬死，蛹、幼蟲和蟻卵搬回家，養成工蟻，為我方提供勞動力，至於那些儲蜜的螞蟻，當然是搬回自己的家，當成「戰略物資」據為己有，就像人類的石油一樣。

刺客與食客

如果把螞蟻的群體比作一個龐大的動物（工蟻是胃腸和四肢，兵蟻是免疫系統，蟻后是生殖細胞），我們會發現一些特殊的超級生物，幾乎只剩下繁殖的功能。在自然界中，單個的生物看上去「殘缺不全」，缺乏最基本的謀生能力，往往說明它們是寄生蟲，仰賴別的生物活命。螞蟻也不例外，牠們寄生的對象不能是別的生物，只能是別種的螞蟻。

一種適蟻屬的螞蟻（學名 *Epimyrma stumperi*），用非常低調，非常冷酷，堪稱陰險的策略，潛入一種細胸蟻（學名 *Leptothorax tubexum*）的巢穴。首先，入侵的蟻后慢慢地爬向蟻巢，如果有細胸蟻的工蟻走過，牠就蜷成一團，倒在地下，好像死了一樣，避免引起對方的注意。等到粗心的細胸蟻工蟻忽視牠，牠就爬上對方的背，用前腳把細胸蟻的氣味塗到自己身上。氣味是蟻國的「身分證」，現在牠就可以混進巢穴深處了。

入侵者找到細胸蟻的蟻后就開始牠的工作：刺殺。牠強迫蟻后翻過來，用鋒利的上顎咬牠的脖子，慢慢殺死牠，這個過程要持續幾小時甚至幾天。因為受害者蟻巢裡經常有多個蟻后，刺殺活動要重複多次。消滅全部蟻后之後，牠就篡位成為新蟻后，接受工蟻的照料。

在《辛巴達航海記》裡，出現過一個妖怪般的古怪老人，他會欺騙別人把自己背到肩上，然後用雙腳牢牢纏住受害者的脖子，把人變成他的坐騎。這種生活方式，與鋪道蟻屬的一種螞蟻（學名 *Tetramorium inquilinum*）有些相似。這種螞蟻沒有工蟻，只有蟻后，還有蟻后產出的具有繁殖能力的雄蟻和雌蟻。牠們和妖怪老人一樣，騎在另一種鋪道蟻（學名 *Tetramorium caespitum*）的蟻后背上。**有時一隻「宿主」蟻后會馱著八隻作為「食客」的寄生性鋪道蟻。「食客」的爪子和腳墊非常大，可以牢牢抓住宿主的身體**，腹部底下凹陷，正適合貼在受害者的甲殼上。

除了「騎乘」的能力，寄生的鋪道蟻身體各方面機能都大大地退步。比如，牠身上很多腺體都退化了，螞蟻腺體分泌的化學物質，對牠們的生活至關重要，用於跟同伴交流，或者殺死細菌。「食客」的甲殼變薄，作為武器的螫針也變小，顎弱小到不能咬嚼固體食物，甚至大腦都縮小了。**這些螞蟻寄生蟲，完全依靠受害者的工蟻給牠們洗刷、餵食，離開了宿主鋪道蟻，牠們就只能活一兩天。「食客」的繁殖能力驚人，寄生的鋪道蟻每半分鐘就產一個卵，這些孩子由「宿主」來照顧，牠們孵化出的螞蟻只會做兩件事：繁殖和入侵別的蟻巢。**

由於寄生性鋪道蟻的拖累，「宿主」的蟻民數量變少，而且都是工蟻，不再產下具有繁殖能力的「宿主」鋪道蟻。工蟻能夠服侍「食客」，所以保留蟻后生產工蟻的能力，是有益處的。相比之下，適蟻「刺客」雖然殺掉蟻后，但細胸蟻的特殊之處是，蟻后被殺之後，工蟻還會產卵，這些卵只能孵出工蟻。所以「刺客」不缺乏可以使喚的「奴僕」，能保證生活無憂。

超級蟻國

一般的「蟻國」只有一個蟻窩，裡面住著一個或多個蟻后。但在歐洲有一個螞蟻的超級大國，它的國土從義大利一直伸到西班牙，繞著大西洋和地中海的海岸走了一大圈，長度超過五千七百公里，蟻窩數量以百萬計。這個國家的「國民」是一種原產南美洲，貌不驚人的褐色小螞蟻，名叫阿根廷蟻（學名 *Linepithema humile*）。

一**般的螞蟻，只會把同一窩的螞蟻當成「自己人」，對「外人」極端排斥。但超級蟻國的螞蟻，即使來自不同窩，也可以一起幹活，一起覓食。**這個國家有多少「蟻民」，簡直無法估計。

阿根廷蟻是一個厲害的入侵物種，搭著免費的飛機和船走遍全世界，北美洲、非洲、亞洲、澳大利亞和許多海島上，都可以找到阿根廷蟻。雖然阿根廷蟻不以戰鬥力出名，但因為牠們實在太團結，競爭力強大，對於本地植物、螞蟻和其他昆蟲都造成很大的破壞。奇怪的是，在南美洲老家，阿根廷蟻跟普通螞蟻並沒有什麼區別，黨同伐異，一國的螞蟻和平，別國的螞蟻打到死。

為解釋超級蟻國是怎麼建立的，學者們從「入侵物種」的特徵裡找原因。一種假說是，當初只有很少的螞蟻到歐洲（螞蟻的「新殖民地」）來，這些螞蟻都來自很少的幾個祖先，所以基因相似，關係到識別同類的那部分基因也相似，導致牠們無法認出誰是「自己人」。

對阿根廷蟻進行基因檢測，卻得到出人意料的結果：螞蟻們識別同類的基因確實很相似，但跟識別無關的基因各有不同。這就不能用偶然的運氣來解釋了。**螞蟻建立超級蟻國，背後有自然選擇的推動**。就此，提出了另一種假說：螞蟻來到新的「殖民地」，因為環境良好，沒有針對牠們的捕食動物和病原體，所以便很快地繁殖起來，密度變得很高。**那些好戰的阿根廷蟻，打得兩敗俱傷，內耗嚴重，那些識別敵我的基因相同、因而「敵我不分」的螞蟻卻可以避免此種消磨，容易在生存競爭中取勝。最後大量「敵我不分」的螞蟻存活下來，就形成了巨大無比的蟻國**。正所謂不戰而屈人之兵！

16

為什麼萬物總是會有令人大開眼界的一面呢？為什麼斷奶小無尾熊的輔食是便便？為什麼有雄蜘蛛主動讓雌蜘蛛吃掉自己？

1. 袋獾（學名 *Sarcophilus harrisii*）的惡性腫瘤可以通過互相撕咬傳染，幸而只是在袋獾之間。
2. 花喜鵲是唯一能從鏡子裡認出自己的非哺乳動物。
3. 無尾熊一天要睡十八個小時。
4. 達爾文吃過美洲獅的肉，他說味道跟小牛肉一樣。
5. 氣步甲（學名 *Brachinus favicollis*）噴出的毒液溫度可達攝氏一百度。
6. 藍鯨的嘴可以容下二十噸水，但喉嚨只有沙灘排球那麼粗。
7. 赤猴（學名 *Erythrocebus patas*）是速度最快的靈長類，奔跑時速達五十公里。
8. 一種寄生蠅（學名 *Ormia ochracea*）的耳朵長在胸前，靠著這個器官，牠可以聽鳴叫找到蟋蟀，在倒楣的音樂家體內產卵。

9. 渦蟲的腦袋和尾巴砍掉都可以再生，而且再生腦袋的速度比尾巴快。

10. 雖然被當成「海怪」，受人敬畏，但大王烏賊沒有攻擊人的紀錄。

11. 雌非洲雉鴴（學名 *Actophilornis africana*）最多可以有四個丈夫，她負責保衛領地，而他們負責孵蛋。

12. 現存的三種斑馬都是全身有條紋的，已滅絕的斑驢（學名 *Equus quagga quagga*）只有脖子有條紋，身體是灰色的，但牠不是獨特的物種，而是普通斑馬的一個亞種。

13. 以每秒五．八公尺的速度，一匹馬一天最多跑二十公里，世界級的馬拉松選手以同樣的速度，能奔跑兩倍的距離。人類跑得雖慢，耐力卻極佳。

14. 兼嘴垂耳鴉（學名 *Heteralocha acutirostris*）是唯一一種雌雄鳥喙不一樣的鳥，雄鳥的喙是直的，雌鳥的喙是彎鉤形，這樣兩者能吃不同的食物，減少競爭。

15. 三趾樹懶（學名 *Bradypus tridactylus*）一定要下樹拉便便，因為太懶，牠五天才下樹一次，排出量相當於三〇%的體重。

16. 九帶犰狳（學名 *Dasypus novemcinctus*）每窩都是四胞胎。

17. 人類是唯一有語法的動物。

18. 貓頭鷹的耳朵左右不對稱，這樣便於判斷老鼠發出聲音的位置。

19. 擬態章魚（學名 *Thaumoctopus mimicus*）可以模仿至少十五種動物，包括海蛇、蓑鮋、比目魚、海蛇尾、巨蟹、海貝、刺魟、水母、海葵和螳螂蝦。

20. 魚鰾是由原始魚類的肺演化而成。

21. 根據中國科學家的比較研究，始祖鳥（學名 *Archaeopteryx* spp.）並不是最原始的鳥類，而是長有羽毛的小型恐龍，在小型的食肉恐龍裡，長羽毛並不罕見。

22. 大齒猛蟻（學名 *Odontomachus bauri*）嘴巴咬一次僅需時三千分之一秒，是動物中最快速的動作。

23. 蟻獅是蟻蛉科（學名 *Myrmeleontidae*）昆蟲的幼蟲，住在自己挖的沙坑裡，牠不排便，沒有肛門，這解決了衛生問題。

24. 有一個果蠅基因叫做「音蝟因子」（*Sonic Hedgehog*）。（編按：是以 SEGA 電玩主角音速小子進行命名。）

25. 雖然鬣狗是凶猛的野獸，但古埃及人飼養牠們做食物，從墓室的壁畫上，我們可以看到，當時的人給鬣狗強迫餵食，強行令牠們長肥。

26. 如果你把兩個不同種的海綿搗碎，混到一起攪勻，同類的海綿細胞會爬到一起，重新聚合成兩個不同種的海綿。

27. 雌杜鵑有類似產卵器的器官，用來把蛋下到樹洞深處的鳥窩裡。

28. 縮頭魚虱（學名 *Cymothoa exigua*）大概是最嚇人的一種寄生蟲，牠住在笛鯛的口腔中，把魚的舌頭吃掉，然後自己取而代之，起到舌頭的功能，靠食物殘渣為生。

29. 生活在白堊紀晚期的鐮刀龍（學名 *Therizinosaurus cheloniformis*）擁有動物中最大的爪子，有七十五公分長。

30. 雄的北方咕嚕舟蛾（學名 *Gluphisia septentrionis*）可以在三個半小時內喝下超過自己體重六百倍的水，這是為了提取水中的鈉，牠會把這些礦物質交給雌蛾，作為孩子需要的營養。

31. 柏氏中喙鯨（學名 *Mesoplodon densirostris*）的喙骨是所有動物中骨密度最大的。

32. 粗皮蠑螈（學名 *Taricha granulosa*）的皮膚裡含有河豚素。

33. 海馬爸爸會分泌催乳素，在育兒袋裡產生營養物質餵小海馬。

34. 雌性比雄性大得最多的動物是一種螠蟲（學名 *Bonellia viridis*），雄蟲的體重是雌蟲的二十萬分之一。

35. 雄性比雌性大最多的動物是美鰭亮麗鯛（學名 *Lamprologus callipterus*），雄魚的體重是雌魚的十四倍。

36. 曾經發現過五重的寄生蟲：一隻寄生黃蜂體內寄生著一隻黃蜂體內還寄生著一隻黃蜂體內還寄生著一隻黃蜂體內還寄生著一隻黃蜂。

37. 棕櫚果蝠（學名 *Dyacopterus spadiceus*）是唯一雌雄都有乳汁的哺乳動物。

38. 已知最長壽的動物是一隻北極圓蛤，牠已經有五百零七歲，不幸在被科學家打撈出水時死掉，我們捕撈很多的北極圓蛤做食物，所以這個紀錄很可能被刷新過，但我們不知道。

39. 貴州爬岩鰍（學名 *Beaufortia kweichowensis*）是一種扁扁的，樣子滑稽的魚，牠的胸鰭和腹鰭構成吸盤，具有相當體重一千倍的吸附力。

40. 筆尾樹鼩（學名 *Ptilocercus lowi*）以發酵的花蜜（酒精含量三・八%）為食，因此演化出極好的酒量──牠可以承受大量酒精（相當於人喝掉兩大瓶乾紅葡萄酒）而毫無「醉意」。

41. 盔鼩鼱（學名 *Scutisorex somereni*）只有老鼠那麼大，但牠的脊椎骨極為堅固，可以讓一個成年人站在牠背上。

42. 彎嘴鴴（學名 *Anarhynchus frontalis*）是唯一一種喙自然彎向右側的鳥。

43. 長尾栗鼠，就是俗稱的龍貓，每天要吃兩百多次自己的便便，牠可以吸收盲腸裡豐富的營養。

44. 冠小海雀（學名 *Aethia cristatella*）的分泌物有橘子香味。

45. 雌無尾熊有兩種糞便，一種硬的普通糞，還有一種軟糞，用來做斷奶小無尾熊的輔食，無尾熊寶寶從中得到幫助消化尤加利樹葉的有益菌。

46. 蜂鳥每天的小便量相當於牠體重的三倍，因為牠的主食——花蜜裡有太多水分。

47. 麝牛（學名 *Ovibos moschatus*）的毛髮長達六十公分，在哺乳動物裡屈居第二，僅次於人類的頭髮。雖然長得像氂牛，但牠其實跟羊的關係更近。

48. 鴨嘴獸的性染色體有十條，雌的是 XXXXXXXXXX，雄的是 XXXXXYYYYY。

49. 肥貓和人類一樣有啤酒肚，胖狗是很均勻地繞著身體胖一圈。

50. 短肢領航鯨（學名 *Globicephala macrorhynchus*）在三十至四十歲間進入更年期。絕大多數哺乳動物都沒有更年期。

51. 智利有一個品種的家雞（學名 *Araucana*）能下藍色的蛋。

52. 鴨嘴獸沒有胃。

53. 斑點楔齒蜥（學名 *Sphenodon punctatus*）有三隻眼睛——第三隻在頭頂，有視網膜和晶狀體，被皮膚覆蓋，但仍能感光，在兩隻眼睛的動物身上，相應的器官是松果體。

54. 金槍魚和幾種鯊魚是熱血的，這樣才能持續快速游泳。

55. 藍鯨和長鬚鯨（學名 *Balaenoptera physalus*）會雜交，我們會發現這件事，是因為有人給市場上的鯨肉進行 DNA 檢測。

56. 脊椎動物左腦控制身體的右半部，右腦控制身體的左半部，包括人類，而節肢動物（蝦、蟹和昆蟲等）是左腦控制左半部，右腦控制右半部。

57. 虎鯊（學名 *Galeocerdo cuvier*）以什麼都吃而著稱，在牠的胃裡曾發現過完整的馬頭、橡膠輪胎、駕照、鱷魚頭，還有一個雞籠子和裡面的雞。

58. 家雞打鳴時是勾著頭的，雉雞打鳴則是仰著頭，如果把家雞和雉雞雜交，牠們的後代打鳴時頭的位置介於兩者之間。

59. 易碎雙腔龍（學名 *Amphicoelias fragillimus*）可能是史上最不靠譜的動物。古生物學家愛德華．德林克．科普（Edward Drinker Cope）自稱發現一塊殘缺的脊椎骨，據推測該恐龍身長六十公尺，是已知最大的陸生動物，但這塊骨頭後來去向不明。

60. 大熊貓的便便比牠吃下去的竹葉要重。確切地說，竹葉和竹稈含水很少，可以吸收的東西也很少，便便裡有牠補充大量喝進去的水，而被吸收的營養只有一點點。

61. 兒童心理學家看了黑猩猩畫的畫之後，斷定作者是兩名十歲女孩，其中一名是精神分裂症患者。

62. 大海雀是唯一以「鹹肉」形式保留下來的滅絕動物。最後兩隻大海雀於一八四四年在冰島被捕殺，牠們的一部分內臟用鹽醃起來，保存在哥本哈根大學的博物館。

63. 黑頭林鵙鶲（學名 *Pitohui dichrous*）是已知唯一有毒的鳥，牠體內含有箭毒蛙毒素，這是因為牠進食含有這種毒素的耀夜螢（Melyridae 科）。

64. 最偷懶的命名：東部鳴角鴞的學名是 *Otus asio*，長耳鴞的學名是 *Asio otus*。

65. 冠海豹的哺乳期最短：四天。

66. 大棘鼬魚（學名 *Acanthonus armatus*）是一種深海魚，按腦和身體的比例算，牠是已知的脊椎動物中，腦子最小的一種。

67. 牛的瘤胃是四個胃中最大的，容積達到一百三十升。

68. 第一處人類腳印的化石，是在一九七六年的坦尚尼亞，古人類學家安德魯．希爾（Andrew Hill），在和同事用乾掉的大象糞玩打「雪」仗時發現的。

69. 生活在北美的冰蟲（學名 *Mesenchytraeus solifugus*）體內含有很活躍的酶，因此牠可以忍受攝氏零度以下的低溫，但溫度高到攝氏五度以上，牠會融化。

70. 世界上的家雞比人多，但是總重量還是人高一些。

71. 耶基斯語（Yerkish）是一套人類發明的訊息符號，用來跟另一種「智慧生物」——黑猩猩溝通。

72. 蝙蝠媽媽的奶頭長在胸前，有些蝙蝠在肚子上另長有「假乳」，供小蝙蝠咬著，好固定在媽媽身上。

73. 熊狸（學名 *Arctictis binturong*）是東半球唯一一種能用尾巴捲住樹枝的動物，牠的肛門腺分泌物味道像黃油爆米花，高興時會發出咯咯笑聲，傳說牠不會逆時針轉圈（假的）。另外，牠的英文名叫 bearcat。

74. 新鮮的山羊乳酪加熱不會融化。

75. 南方藍鰭金槍魚（學名 *Thunnus maccoyii*）和日本鰻（學名 *Anguilla japonica*）都是「食物」，傳統上這兩種魚被當作美食，但根據國際自然保護聯盟的評級，因為人類近期的大量捕殺，這兩種魚滅絕的危險性高於大熊貓。

76. 母雞的右邊卵巢保持在胚胎中的狀態，它可以變成睪丸，產生激素，使母雞的行為像公雞。

77. 北極熊喜歡吃牙膏。

78. 六角形不是蜜蜂的專利，雄羅非魚（學名 *Tilapia mossambica*）用來吸引雌魚的地盤也都是六角形的。（編按：羅非魚在臺灣稱為吳郭魚）

79. 在白鸝（學名 *Eudocimus albus*）的飼料裡添加千萬分之三的甲基汞（methylmercury），五五%的雄白鸝會選擇跟同性求愛並共築愛巢。

80. 長鬚鯨的下巴左側為黑色，右側為白色。

81. 以下貓科動物的配對生子都是出現過的哦：雄獅×雌虎，雄虎×雌獅，雄美洲豹×雌豹，雄豹×雌美洲豹，雄美洲豹×雌獅，雄豹×雌獅，雄獅×雌豹。

82. 世界上最大的「貓」。邁阿密叢林島（Jungle Island）動物園的獅虎（liger，雄獅和雌虎的孩子）海克力斯（Hercules）體重四百零八公斤，相當於大雄獅或大雄虎的兩倍。

83. 如果所有靈長目身材都一樣的話，紅背松鼠猴（學名 *Saimiri oerstedii*）擁有最大的腦——占到體重的四%，如果松鼠猴像人一樣大，牠的腦會比人腦大一倍。

84. 你鍋裡的魚可能比你更老。大西洋胸棘鯛（學名 *Hoplostethus atlanticus*）是一種美味的深海魚，牠的幼魚一年只長兩公分，壽命可能超過一百五十年。

85. 世界上跑速第二快的動物是美洲的叉角羚（學名 *Antilocapra americana*），時速可達每小時八十六公里，而且比獵豹耐力更好。

86. 袋熊（Vombatidae 科）的便便是立方體。

87. 以體型來算，世界上最強壯的動物，是一種體重只有一百微克的蟎（學名 *Archegozetes longisetosus*）。在粗糙的表面，牠能夠拉起相當於牠體重一千一百八十倍的重量。

88. 「RH 陰性血」的名字來自於恆河猴（學名 *Rhesus macacus*），因為這種血型最早是在恆河猴身上發現的。

89. 有一種心理疾病叫「動物囤積症」（animal hoarding），症狀是飼養一大堆自己根本無法養活的寵物（比如幾百隻貓）。

90. 黑叉齒魚（學名 *Chiasmodon niger*）能吞下比自己大的獵物，在一條長十九公分的叉齒魚腹內，發現過一條八十六公分長的黑刃蛇鯖（學名 *Gempylus serpens*），是捕食者的十倍重。

91. 金倉鼠（學名 *Mesocricetus auratus*）是受歡迎程度僅次於貓和狗的寵物，所有的寵物金倉鼠都是一九三〇年在敘利亞捕捉的三隻雄倉鼠和一隻雌倉鼠繁衍出來的。

92. 蜘蛛太太會吃掉丈夫不是新聞。但你有沒有聽說過，澳洲紅背蜘蛛會主動被太太吃掉？這樣牠能增加給卵子受精的機會。

93. 雄蜘蛛也能反擊，一種狼蛛（學名 *Allocosa brasiliensis*）的雄性會吃掉年老的雌性。

94. 雄一角鯨（學名 *Monodon monoceros*）有一根奇特的長牙，曾經被當成獨角獸的角，偶爾會有鯨長兩根長牙，而雄四角羚（學名 *Tetracerus quadricornis*）長有四隻角，前面兩隻是小的，後面兩隻是大的。

95. 雄蠍蛉（Panorpidae 科）長相醜陋，彷彿拖著蠍子尾巴，但牠很懂浪漫，會拿死昆蟲給雌性的蠍蛉吃，如果沒有昆蟲，就吐唾沫給牠吃。

96. 生活在白堊紀的阿根廷龍（學名 *Argentinosaurus huinculensis*）是已知最大的陸地動物之一，身長超過三十公尺，體重七十噸，在一個阿根廷龍的腳印裡，發現過十八隻小動物的化石，包括十隻小恐龍，牠們是掉進去出不來而死的。

97. 吃貨的最終境界。硬蜱（Ixodidae 科），也叫狗豆子，雌蜱一次可以吸食相當於體重二百五十倍的血。

98. 雄性長齒中喙鯨（學名 *Mesoplodon layardii*）下顎上有兩個彎月形的獠牙，一左一右把牠的上頜圈住，雖然身長可達六公尺，但牠的嘴只能張開十三公分的寬度。

99. 在發情期，雌猴子的屁股會變成紅色，並且積蓄水分而膨大，西方紅疣猴（學名 *piliocolobus badius*）則會因為擴大的屁股，而讓體重增加二五%。

100. 蘇門答臘犀牛（學名 *Dicerorhinus sumatrensis*）喜歡吃芒果，牠可以把芒果巨大的種子整個吃進去，然後排泄在別處，促進種子的傳播。

17

為什麼沒有任何生物能看起來像龍、龍真的存在嗎？

西海龍王的兒子小白龍，馱唐僧到西天取經有功，龍王怎麼獎勵他呢？座頭鯨丞相出了主意，拍一部電影《白龍馬》，讓海底居民都知道小白龍的功勞。龍王連讚三聲「好！」然後又揪著鬍子，發起愁來。

「我兒子正在西天留學，小白龍找誰來演呢？」

「這簡單，我們可以海選一名演員，來演小白龍——在海裡選，可不就是『海選』嘛！」現在也用不著貼皇榜，在龍宮官方網站「水晶宮網」發個帖子，西海的魚蝦蟹貝就全看到了。

帖子發出來不到十分鐘，龍王就聽見「蹬蹬蹬」腳步聲響，一個黑影衝進龍宮，這是一位高壯大漢，連尾巴身長六公尺，體重一噸，渾身鎧甲一樣的鱗皮，滿嘴尖牙。

「你不是鱷魚將軍嘛！」龍王看了看他。

「是啊！我的大名叫灣鱷，是住在海裡的大鱷魚，」大將軍拿起手機。「我看了大王發的帖子，大王要招演員？」

「可是，大王是要招小白龍……你好像腰稍微粗了一點。」丞相說。

「我可以減肥啊！」大將軍把又長又尖的大嘴張開，露出一排排牙齒：「大王您看，我跟您們龍族，都是長身子，長尾巴，還有四條腿，一張大嘴，不是長得很像嗎？」

丞相懷疑地看著他：「真的嗎？」

「當然啦，哈哈哈哈！」灣鱷大笑。「我們灣鱷，是爬行動物裡最大、最厲害的一種，讓我來演龍，多合適呀！我還有個小弟住在揚子江裡，叫豬婆龍。」

龍王抓了抓下巴。「豬婆龍……這名字不太好聽呀。」

鯨丞相說：「豬婆龍就是揚子鱷，個兒比將軍小，只有一公尺長。」

灣鱷將軍得意起來，抬起大嘴巴：「揚子鱷都能叫龍，像我這麼大，想演一條龍，當然更沒問題了！是吧？」

龍王皺著眉頭想了想：「但是……將軍呀，你的皮膚，好像稍微黑了一點……」

「我可以塗美白護膚霜啊！」

龍王身邊的蝦兵蟹將，章魚文官，墨魚書記，都發出一片「嗤嗤」、「嘻嘻」的聲音。

龍王板著臉，強忍笑：「將軍呀，既然你一定要演這個小白龍，那你有什麼特別的本事沒有？」

「我會游泳，在地上跑得也不慢，嘴巴咬起東西，非常厲害，還可以吃水牛，吃豬，馬雖然沒有嚐過，把他吃掉也是沒有問題的！」

龍王突然不憋笑了：「馬？說馬幹什麼？」

「小白龍不是吃了唐三藏的馬，為了賠他，才背著他去西天取經的嗎？」

龍王臉沉下來，拉得比灣鱷還長。「我兒子偷吃東西這件事，怎麼能拍到電影裡，讓人家看見！」

「怎麼，大王不打算演吃馬那一段嗎？」

「這個……本王要考慮一下，先請回家吧！」

據說後來再也沒人跟灣鱷將軍提過請他拍《小白龍》電影的事，不過倒是有人請他演《奧特曼與大怪獸》。

過了一天，又有一位客人來到龍宮，「龍王您好，我細（是）日本龍王派來的使者，細（是）來選臉（演）員的。」

他的國語說得不錯，就是有點大舌頭。

西海龍王睜大龍眼，他從沒見過模樣如此奇怪的客人，但他到底是龍王，很快就平靜下來。「這位外國朋友，你叫什麼名字？」

這位客人也有六公尺長，但身材和將軍十分不同。又瘦又細，嘴巴很小，模樣和氣。「我細（是）皇帶魚，住在森（深）海裡，雖然有這個名字，但我其實不細（是）大個兒的帶魚。我覺得我臉（演）小白龍正合細（適）。」

他的身材細長，確實像龍，打扮得也非常漂亮：一身白色帶小黑點的西服，像白銀般亮閃閃的，背上一條長長的深紅色魚鰭，從腦袋一直連到尾巴，腦袋頂上還有幾根紅絲線，像時髦的帽子上插著羽毛。

龍王用龍爪托著龍頭，想了一陣。「嗯……你的模樣不錯，挺帥氣的，這樣吧，你游一游泳，我看看你的姿勢美不美。」

「謝謝大王！」皇帶魚喊道，他從龍宮的地板浮了起來。

龍王的龍眼又睜大了，這次睜到荔枝那麼大還沒停下來。皇帶魚游泳的時候，全身筆直，一動不動，只有背上的長鰭像水波浪一樣抖動著，整個又長又瘦的身子，就像一根棍子。

「怎麼樣？我很碎愛（帥）氣吧？」皇帶魚興高采烈地喊道。

「嗯……很『碎愛』氣。」龍王半天才說出話來。「你回日本去吧，我們拍完《白龍馬》，也許要拍《哈利波特》呢。」

「你在尾巴上綁點海草，就可以演一根飛掃帚。」座頭鯨丞相說。

龍王用胳膊肘捅鯨丞相。「別把實話說出來啦！」

送走了皇帶魚，龍王彎著龍腰，駝著龍背坐在寶座上，發了一會兒愣，忽然對丞相說。

「現在龍宮的衛生是越來越不好了，海草都漂到宮殿裡了。」

果然有一堆黃綠色的水草，浮在海龍王面前。座頭鯨伸出鰭，想把他從窗戶撥出去。忽然聽到一個又尖又細的聲音：「大王，我不是海草。」

丞相和龍王湊近使勁一看，那居然是一隻動物，身子彎彎曲曲，嘴巴像一根吸管，全身長著許多海草模樣的枝條，枝條上掛滿黃葉子，簡直跟一堆海草一模一樣。

「聽說你們要找人演小白龍，這不，剛生完孩子，我就趕來了。」

「哦……請問你叫什麼名字？是哪一家的？」

「我是葉海龍，是魚類。」

「如果……要你馱著唐僧，恐怕……去西天會遲到一點點兒……」龍王使勁地揪鬍子。

「對啦，你不是剛生了孩子嗎？如果又要拍電影，又要照顧寶寶，不是太累了？」

「沒關係，我們葉海龍都是媽媽生下魚卵，讓爸爸來孵。我有一個親戚也是這樣，他叫海馬。」

「海馬啊，我認識他，他是魚類游泳冠軍。」鯨丞相說。

「對，我也知道他，他在希臘的海神波塞頓那裡，給海神的跑車補輪胎。」西海龍王插話。

「他是比慢的游泳比賽冠軍。」

「我游得也不快呀！如果參加比賽，至少能拿銀牌吧？」

送走葉海龍後，龍王偷偷地偏過頭跟鯨丞相說：「我們還是請孫大聖來變成小白龍吧！」

「那猴子西天取經後出了名，出場費肯定更高，上次給他金箍棒，這次給他什麼寶貝呢？」

18

為什麼生物的身體能產出奇門暗器？為什麼角蜥能從眼睛射出血攻擊犬科捕食者？

屁步甲：開火！開火！開火！

氣步甲族（Brachinoid）和屁步甲族（Paussoid）的甲蟲，可以說是昆蟲中裝備最齊全的，牠們裝有大炮……在屁股上。

這些甲蟲腹內藏著彈藥庫。左右對稱的一對小房間，每個房間又分成兩個小隔間，一個隔間裡裝著名叫「對苯二酚」和「過氧化氫」的化學物質，另一個裝著酶，這些東西混合之後，會發生劇烈的化學反應，產生苯醌和氧氣。像搖過的可樂一樣，體積劇烈膨脹的氧氣，帶著苯醌液滴從小室裡噴出來，出口是甲蟲腹部尾端的兩個小孔。

這個反應相當剽悍，會生成足以燙痛手指的熱（氣步甲族噴出的苯醌，溫度可達攝氏一百度），而且能發出人耳清晰可聞的爆炸聲。苯醌有毒，不僅能有效驅逐昆蟲，人類也覺得它惡臭難聞，這一發炮打出去，再嘴饞的動物也倒胃口了。在英語裡，這些小怪物被稱作「投彈甲蟲」（Bombardier Beetle），不過，中文名字就沒那麼炫酷：放屁蟲。

嚐過這些黑暗料理的食客中，名頭最大的是一個英國人。達爾文收集標本時，有一次，左右手各抓住一隻甲蟲，這時他看見第三隻，於是他把一隻手上的甲蟲塞進嘴裡——恰好是一隻氣步甲，牠立即把火熱的炮彈射到達爾文舌頭上。

中文對放屁蟲最出名的描寫來自魯迅：「還有斑蝥，倘若用手指按住牠的脊梁，便會拍的一聲，從後竅噴出一陣煙霧。」斑蝥是芫菁科的成員，放屁蟲則是步甲科。斑蝥並不會射炮，先生張冠李戴了。

昆蟲學家湯瑪斯・艾斯納（Thomas Eisner）熱愛調戲毒蟲。為研究屁步甲的化學武器，他捉來甲蟲，用一滴蠟黏住，用小鑷子夾牠的腿，逼迫牠開炮反擊。這些炮手會懂得瞄準，要是夾後面的腿，苯醌溶液就噴往後面，夾前面，就噴到前面，雖然炮口是長在接近肛門的位置。氣步甲族靠轉動腹部的尖兒來調節發炮位置，屁步甲族另有一套簡單而巧妙的辦法。學名為 *Metrius contractus* 的屁步甲，鞘翅（外層的硬翅膀）邊緣上有一條溝，開炮之後，苯醌溶液會順著溝朝前流去，在身體前端發生劇烈的反應，像啤酒一樣，飛沫噴濺。流動的物體會脫離水流（或氣流），貼著一個凸出的物體流動，叫做康達效應（Coanda Effect）。

我們都很熟悉這個煩人的現象：倒湯倒水的時候，總會有幾滴沾在碗上，順著碗的外緣朝下流，流出一道長線。如果要往後開炮，甲蟲把腹部往下壓，讓「炮口」脫離那兩條溝，苯醌溶液直接流到屁股後面。至於往左右噴，只要選用左側或右側的彈藥室就可以了。

Metrius contractus 屬於比較原始的炮手，其他的屁步甲，鞘翅上突出成兩條棱，棱的上面才是溝，這樣，順溝流淌的「彈藥」可以從翅膀上飛濺出來，越過甲蟲的頭直噴向前，變成真正的毒炮。

角蜥：對汪星人的惡意

荒木飛呂彥的漫畫《JOJO的奇妙冒險》，裡面的大反派迪奧，擁有把體液從眼睛裡射出的能力，其破壞力有如利箭。

角蜥（*Phrynosoma* 屬）也把眼睛變成奇門武器。牠生活在美洲的沙漠中，長相醜怪：身體又圓又扁，彷彿比目魚，頭、背和尾巴上長滿尖刺，有點像恐龍，有些角蜥還有鮮明的花紋。如果犬科的捕食者，例如敏狐（學名 *Vulpes macrotis*）或者郊狼（學名 *Canis latrans*）來招惹牠，角蜥就會從眼睛射出血來，遠及一．五公尺。如果人或者別的食肉動物嚇牠，牠很少會玩這一招。演化君創造這一招，可能是專門為了對付汪星人。

蜥蜴脖子裡的大靜脈，周圍包裹著肌肉，角蜥可以通過收縮肌肉，把靜脈堵住。幾乎所

有從腦袋流過的靜脈血，都要經過這些大靜脈，血液的通路被堵住，許多血積在腦子裡流不出去，血壓大大升高。借助這股力量，血液衝破眼瞼上的靜脈，鮮紅的、細細的血柱，激射而出。除了外觀中二感滿載，這一招還附帶化學殺傷效果。雖然我們對角蜥體內的化學物質所知甚少，韋德・舍布魯克（Wade C. Sherbrooke）和J・羅素・曼森（J. Russell Mason）曾用郊狼和角蜥做了實驗。把角蜥血用針管射到郊狼臉上，可憐的汪星人就表現出痛苦的樣子，伸出舌頭舔嘴，嘴一張一閉，使勁搖頭。用別的蜥蜴血不會有這種效果。如果吃下死的角蜥，郊狼會嘔吐，雖然有時牠會吐了、吃下去、吐了、再吃下去循環多次（好像很捨不得），但最後總會剩下一些殘骸。顯然，角蜥體內含有讓牠厭惡的物質。在漫畫裡，迪奧做的第一件惡事，是把主角的愛犬燒死，角蜥對狗也是惡意滿滿啊。

槍蝦：鏗鏘有聲的真漢子

生活在溫暖淺海裡的槍蝦屬（*Alpheus* spp.）與合鼓蝦屬（*Synalpheus* spp.），外貌上最大的特點是，有一邊的鉗子特別壯碩（隨機左手或右手），另一邊是正常的大小。牠們的英文俗稱是手槍蝦（Pistol Shrimp）。手槍蝦鉗子上的「手指」有一個凸起，而蝦鉗上又有一個凹陷，用力合上鉗子，凸起和凹陷碰在一起，就會發出「劈劈啪啪」的巨響（聽起來有點像乾柴在火中燒爆的聲音）。手槍蝦把蝦鉗合上，僅需〇・六毫秒（一毫秒等於千分之一秒），如果錶針的旋轉能像手槍蝦的全速一樣快，那麼一秒內就可以轉過五百五十圈。

蝦鉗上的凸起塞進凹陷之中，這個搗米一樣的動作，會把原先在凹陷中的水「擠」出來。水流的速度可達一秒二十五公尺，流動的東西速度越高，壓力越小，而壓力小，會使液體的沸點降低。這些中學物理課的知識點湊在一起，產生了意想不到的效力。蝦鉗中間，壓力極低的水氣化，出現了氣泡，這叫做空穴（Cavitation）。氣泡很快爆開，產生巨響。在一公尺外，聲音可以達到二一〇分貝，以至於曾被當成是地殼活動。

手槍蝦靠著這一把手槍打天下，可以擊暈小魚小蝦當飯，可以嚇退敵人，如果離開遠一點，不至於彼此中槍，還可以靠著槍聲跟同類交流。

這還不是全部。手槍蝦的聲波穿過氣泡時，會產生閃光。雖然肉眼看不到，但發光時的力量不可輕視，氣泡內有巨大的壓力和五千克耳文的溫度（克耳文是從絕對零度算起，所以克耳文溫度數值等於攝氏溫度零下二七三．一五），稱為聲致發光（Sonoluminescence）。這閃光產生的原理，我們尚不清楚。有科學家認為，利用人工製造的聲致發光（當然，比槍蝦強力許多）的極高溫，可以進行核聚變，雖然目前還沒有成功過。

科學家開玩笑說，手槍蝦的這一招，應該叫做蝦光現象（Shrimpoluminescence，其實叫做「閃蝦狗眼」也不錯）。蝦光現象的持續時間極短，以皮秒計（一皮秒等於十億分之一毫秒），否則這些小東西真的要上天了。

19

為什麼動物寶寶的玩耍對生存很重要、玩耍的過程對長大有什麼幫助？

軟綿綿的茸毛，無辜的大眼睛，動物寶寶總是能讓人萌到飛起來，相比泰迪熊和二次元，牠們在賣萌方面，還有一個獨門優勢：只要是醒著的時候，牠們總在玩耍。

從小蝙蝠到小犀牛，幾乎所有哺乳動物的幼崽都愛玩。歐洲馬鹿的寶寶東跑西顛，後腿不時踢向天空，有時候兩頭小鹿低下頭，擺出大鹿角鬥的姿勢來，雖然牠們還沒長出角。牠們還會玩「占山為王」（king of the hill）的遊戲，一群小鹿爭先恐後地跑向一個山坡，比賽誰最先到達坡頂。年幼的美洲黑熊則喜歡玩打架遊戲，牠們會摔角，會立起來用爪子互打，人工飼養的小熊還會跟人一起玩耍，牠們還會萌萌噠小心不咬傷脆弱的人類。小狗有一套特殊的姿勢，表示「我們來玩吧」：趴下前腿，壓低前半個身子，搖尾巴，汪汪地叫。在動物行為學上，這叫做「玩耍鞠躬」（play bow）。

跟人類一樣，許多小動物的玩耍動作，是成年動物行為的小型翻版。小貓會捕捉任何一個動的東西：伏低身子，「悄悄地」接近一條繩子，然後跳起來用爪把繩子按住，或者躍到空中，用兩隻前爪拍打空中飛舞的昆蟲，甚至灰塵。這實際上是對成年貓行為的演習。**小貓開始玩耍（四週）和最熱衷於玩耍（十二週）的時間，正是牠的小腦（運動中樞）和肌肉纖維高度發展的時間，也許，這說明了玩耍對動物生存的關鍵作用。玩耍有助於練習牠們將來用得到的本領，而且還能提高體力和運動協調性。**

從靈長類動物的遊戲裡能看到牠們將來的縮影。相比之下，小雄猴更喜歡跟同齡的猴孩子追跑打鬧，而小雌猴寧願跟媽媽在一起，試圖幫媽媽照顧自己（還是嬰兒）的弟弟妹妹。作為社會性動物，靈長類的童年要與玩伴一起度過，才能成長為心理健康的大猴子。在打鬧追逐之中，小猴與玩伴建立起友情的紐帶（從小一塊兒玩大的雄金絲猴，長大後會成為互相幫助的親密朋友，一起理毛，一起離開群體去開闢新領地），並學會在猴群中相處的方法。牠們甚至還有「青春期教育」——小雄猴會在同性同類身上練習爬上雌猴的姿勢。

相比殘酷的「成人」社會，小猴在玩耍中學習猴際關係技巧更為安全，而且課程更多樣化。小猴還沒有長出鋒利的獠牙，遊戲中牠們不會真正使勁咬或者打對方。在打鬥玩耍中，年齡較大，體力較強的猴子，還會謙讓弱者。這樣的好處有二：勝負不易分出，牠們就可以一直玩下去；弱者可以有機會學習如何以勝利者的身分生活下去：如果牠們有朝一日逆襲成功的話。小猴子和小長臂猿在玩耍前還會發出尖叫，表示自己不是要攻擊對方，而是想打鬧一番，翻譯成人的語言，意思大概就是「我跟你鬧著玩呢」。遊戲的另一個好處更為隱祕，也更有趣。成年動物的行為和習慣已經固化，比較僵硬，難於改變（所謂的「你不能教老狗學新把戲」）。在日本幸島上，曾經出現過日本獼猴界的一大技術革新：把沾了泥沙的白薯在水裡洗乾淨再吃。這項專利的擁有者，是一隻兩歲名叫伊茉（Imo）的小猴，未成年的小猴更喜歡探索新環境，在學習新知識時，更有可塑性，三歲以後的日本獼猴就「僵化」了。

玩耍的動物寶寶是野生世界的愛迪生。黑猩猩是非常聰明的動物，牠有創造力：如果把食物掛在高處，給黑猩猩幾根短棍子，牠會把棍子連在一起，做成能勾到食物的長棍子。但是，如果成年黑猩猩從小就沒見過棍子，第一次給牠這些工具，牠只會感到困惑，不知這些東西能派上什麼用。據說，曾有人問法拉第：「電磁感應有什麼用？」法拉第反問道：「嬰兒有什麼用？」新發明雖然誕生於大「人」之手，它的醞釀卻要仰賴於孩子。把棍子給兩歲的黑猩猩幼兒，牠只會拿它們當玩具，然而，就在玩弄的過程中，牠可以慢慢瞭解這些工具的性質，順利地完成發明。

王小波說過，學習是快樂的，問題是，我們現在總是板著張「學海無涯苦作舟」的晚娘臉來看待它。其實自然界早就解決了這個問題，只是它的解法已經離我們一去而不復返。

20

為什麼生物體型的大小能左右生命？為什麼大象一定要有粗短腿以及大耳朵？為什麼貓墜樓死亡率只有10%？

在羅爾德·達爾（Roald Dahl）的童話名作《吹夢巨人》（*The BFG by Roald Dahl*）中，一個二十四英尺（一英尺約等於〇·三公尺）高的巨人受英國女王邀請，一起享用英式早餐。宮廷裡沒有合適巨人使用的餐具，但內廷總管是個很聰明的人，很快做出了計算：一個六英尺的普通人要坐在高三英尺，寬一英尺，長兩英尺的桌子前，吃兩個煎雞蛋。那麼，一個高度是普通人四倍的巨人，就需要高十二英尺，寬四英尺，長八英尺的桌子，吃八個煎雞蛋，總之，一切都應該乘以四。

於是總管指揮傭人們，用大座鐘和乒乓球桌搭起一張臨時的桌子，巨人很滿意這個座位，但問題是，八個雞蛋只夠他吃一小口。

巨人的桌子是一般桌子高度的四倍，但桌子的大小並不是一般桌子的四倍。當我們說一張桌子桌面「寬一英尺，長兩英尺」時，我們討論的是二維的東西——面積：

普通人的桌子：1×2＝2（平方英尺）

巨人的桌子：4×8＝32（平方英尺）

也就是說，巨人桌面的大小是一般桌子的十六倍。

至於桌子的重量，要先知道桌子的體積才能計算，這是一個三維（立體）的問題，我不太清楚大座鐘搭成的桌子是什麼形狀，所以假設兩張桌子都是最簡單的長方體：

普通人的桌子：3×1×2＝6（立方英尺）

巨人的桌子：12×4×8＝384（立方英尺）

巨人的桌子體積是一般桌子的六十四倍，所以，重量也應該是一般桌子的六十四倍。

如果把長度放大成原來的四倍，那麼面積會是原來的十六倍，體積和重量則是原來的六十四倍，桌子如此，巨人先生本人如此，雞蛋亦是如此。回頭考慮雞蛋的問題，我們關心的是它的重量，對巨人來說夠吃一頓雞蛋，應是普通雞蛋重量的六十四倍——我們沒有那麼大的雞蛋，但可以用數量來彌補：

$2 \times 64 = 128$（個）

在故事裡，巨人吃掉第七十二個雞蛋時，皇家廚師來報，廚房的存貨空了——對於高度是普通人四倍的巨人來說，這其實算不了多少。

如果你要把一個東西變大，一維（高度）上的增加趕不上二維（面積）的增加，二維的增加又趕不上三維（體積和重量）的增加，這是我們這個世界的規則，它決定了許許多多動物世界裡的問題。

大象一定要有大象腿

面對大象和恐龍，我們會慨嘆人類多麼渺小，但實際上，我們人類在動物世界裡，是非常龐大的物種。獸類中最興旺的家族是鼠輩（嚙齒目），其次是蝙蝠，已知的物種中昆蟲超過一半。這是一個屬於小東西的世界，我們是遺世獨立的巨人。我們習慣了巨人的世界，對於許多僅出現在巨人世界的特殊問題也不再關心，比如，人腿為什麼這麼粗？

骨頭的強度取決於粗細，越粗壯自然就越結實，而決定粗細的標準是橫截面積——把骨頭切開，得到斷口的面積，這是二維的問題。而動物體重的增加，是三維的問題。如果真有身高是常人四倍的巨人，他的體重會是常人的六十四倍，骨頭的粗細卻僅僅是十六倍——他等於是站在火柴棍上。

結論是，**動物若想長大，支撐體重的腿就必須額外加粗，否則就會被自重壓垮**。昆蟲的腿可以像毛髮一樣細，而龐然大物——不管是大象、犀牛還是恐龍，腿必然是又粗又壯，骨頭也更粗大。即使大象的骨頭如此粗，牠還是處在岌岌可危的狀態。大到這個程度，體重本身就成了一枚定時炸彈，隨便絆一下，摔一下，都可能造成嚴重的傷害。

濃縮的才是精華

大象可以用鼻子舉起兩百五十公斤重的木頭，考慮到牠體型巨大，這個重量只相當於一個人抱起一隻貓（當然，不是用鼻子）。小生物的速度和力量令人驚訝。螞蟻可以搬起相當於體重五十倍的東西，如果按相對身體的長度來算，奔跑速度最快的動物，是虎甲科（Cicindelidae）的甲蟲。如果和人一樣大，牠的奔跑速度會超過每小時三百公里。

肌肉的強壯度和骨骼一樣，是由肌纖維的粗細決定的。如果體重變多，肌肉變粗壯的速度會跟不上體重，看來巨人不僅脆弱，力氣也不大。

如果把人縮小到原來身高的四分之一，情況就會完全不同。力氣減小的速度，比體重減輕慢得多。縮小後他的體重僅剩原來的六十四分之一，肌肉粗細卻是原來的十六分之一，他的力氣也是原來的十六分之一。假設這個人體重是六十四公斤，能搬動相當於體重一半的東西，也就是三十二公斤，現在他體重一公斤，能搬動兩公斤——相當於體重兩倍的東西。

螞蟻會讓人覺得力大無比，是因為牠的相對力量。螞蟻舉起的東西是自身體重好幾倍，然而，如果把人縮小到和螞蟻一樣，力氣也不會比螞蟻弱。在力量方面，越小越強大。已知所有動物中力量最大的是一種蟎蟲，能拖動相當於自身體重一千一百八十倍的重物，牠的體長連一毫米都不到。

九命貓與不死鼠

俗話說貓有九命。根據獸醫診所紀錄，貓跳樓的死亡率大概是一〇%。一般對此的解釋是，貓比人靈活，可以在空中轉成四腳著地的姿勢，還可以屈腿來減小衝力。但這不能解釋問題的全部，還有一個重要的因素是牠們的體型，貓比人小太多了。**跳樓的貓除了重力之外，還受到空氣的阻力——這個阻力的大小，取決於貓身體的表面能「接」到多少空氣，就像降落傘一樣。**

於是我們又遇到類似骨頭粗細的問題。表面是二維，而體重是三維，所以體重增長的速度，要快過表面擴大的速度。如果跳樓的不是一隻貓，而是一條狗，因為狗的體重遠比貓大，能接住空氣的表面卻不會大太多，結果就是悲劇。一個合格的降落傘應該重量小而面積大，能「兜住」更多空氣，在這方面，貓比狗夠格，狗要比大象夠格，動物越小越好。貓從高處墜落，最高的下落速度約每小時一百公里，人類達到每小時二百一十公里，毫不奇怪，人會摔得更悲慘。

體重更輕的動物，墜落的速度自然更慢。生物學家約翰·伯頓·桑德森·霍爾丹曾經說過，如果你把一隻小老鼠順著管道扔進一公里深的礦井裡，牠會愣一愣，隨即若無其事地跑掉。**對巨人來說，重力是恐懼和危險的源泉，但對於昆蟲來說，重力什麼都不是，因為牠們微小的體重和大表面，「兜」住的空氣阻力足以克服大多數重力。**蒼蠅可以在天花板上散步，如果你把螞蟻扔進礦井，牠大概是餓死的。

比動物更小的生物根本不知重力的存在。有些細菌體內有細小的天然磁石，有指南針的作用，指引細菌向北游，不過這些小東西不是要去北方，而是要下潛——地球磁場的磁力線其實不是平平地向北，而是略向下傾斜。在巨人看來，細菌的方向感是非常奇特的：知南北而不知上下。

翼若垂天之雲

另外一個跟克服重力相關的問題是飛行。飛行需要空氣的升力，而承接升力的東西是翅膀，確切地說，是翅膀的表面。

於是，類似貓跳樓的情況又出現了。把小動物變大，牠的體重（三維）會增加很多，翅膀（二維）表面卻增加不了多少，如果大動物想飛，就必須把翅膀額外擴大，來「接住」更多的升力。昆蟲憑著玩具般的小翅膀就能飛，蜂鳥翅膀也大不了多少，那些巨大的飛鳥，比如天鵝和安地斯神鷹（學名 *Vultur gryphus*），就必須長一對寬廣如雲的翅膀。

對飛行動物來說，體重是永遠的痛。如果放棄飛行，鳥的身材就可以極大地增長。鴕鳥重達九十公斤，著名的渡渡鳥（學名 *Raphus cucullatus*）重二十三公斤，和鴕鳥比不算太大，但牠現存的近親蓑鴿（學名 *Caloenas nicobarica*），重僅六百五十公克。

史上最大的飛行動物是風神翼龍（學名 *Quetzalcoatlus northropi*），根據推測，這種白堊紀的巨型爬行動物翼展達十二公尺，身軀之高大，活像一頭會飛的長頸鹿，然而牠的體重比成人大不了多少（同樣是根據推測，九十至一百二十公斤）。如果天使有如此大的翅膀，也許能飛起來，但天堂裡一定很擠。

甜甜圈與蚯蚓

油鍋是個很好的教具，我指的不是地獄裡的，而是廚房裡炸東西的油鍋。油炸的食物不可以太大，因為油是從表面對食物加熱，大塊的東西「三維」重量增加很多，「二維」表面卻沒有增加多少，熱量無法深入，會炸得外焦裡生。

動物身體的「表面」，也面臨同樣的問題，牠們要接觸的不是滾油，而是氧氣。原始的動物是用表皮吸收氧氣，像丟進油鍋的麵糰一樣。如果動物長得更大，迅速增長的體重意味著需要更多的氧氣，而「外面」負責吸氧表皮的長大，卻跟不上「裡面」肉體的增重，很快就會入不敷出。

解決辦法之一是盡可能擴大面積。油餅很大卻很薄，有很大的表面與油接觸。但是，採取這一策略的動物形狀會非常古怪：寄生在人腸裡的條蟲長可達五公尺，卻和一條鞋帶一樣窄，和紙一樣薄。

另外一個辦法是創造內部器官。甜甜圈據說是一位小學生發明的，在麵糰中間挖個洞，油不僅從外面、也從裡面加熱，這樣即使很大的麵糰都可以炸得透。蚯蚓仍然用皮膚呼吸，但牠有血管，可以把氧氣迅速送到身體的各個角落。澳洲大蚯蚓（學名 *Megascolides australis*）體長超過一公尺，直徑兩公分，比條蟲豐滿，不過，還是很像麵條。

更精緻的內部器官是屬於巨型動物的，比如我們有肺。豬肺放在水裡會漂起來，因為它裡面充滿了叫做「肺泡」的空洞，這些小洞使得肺與空氣接觸的表面非常大，如果把它全部鋪開，面積近一百平方公尺。

靠肉體表面吸收的東西除了氧氣，還有食物和水（條蟲就是用表皮吸收營養），大型生物解決這個問題的辦法和吸氧一樣，盡可能地擴大表面。小腸裡面是毛茸茸的，植物根上布滿根毛，都是為了獲得最大的表面積，曾有人研究一棵裸麥在四個月內長出的根毛總數，竟達到十四億條。

怕熱的裸猿

對於熱血動物——哺乳動物和鳥類來說，身體長大還會帶來一個問題，與炸甜甜圈恰好相反，不是外面的熱如何進去，而是裡面的熱如何出來。

我們的身體像一個火爐子，不斷產生熱量，熱量是從身體表面散發出來的。於是又遇上經典的問題：如果「裡面」的身體很小，「外面」相對龐大的表皮，就會使大量的熱發散出去；反之，**身體很大，熱量就會蓄積在體內難以發散**。一杯水比一澡盆水涼得快，就是這個道理。

鼩鼱（模樣很像老鼠，但牠跟刺蝟是近親）是最小的哺乳動物之一，體重只有兩克，牠的熱量散發得非常快，因此必須不停往爐子裡填煤。這個小傢伙一天要吃相當於兩倍體重的昆蟲。

水能比空氣更快地帶走熱量，海獸中體型最小的是海獺，雖然牠體重二十公斤，不能算小，還是要不停進食，再披上獸類中最濃密最保暖的毛皮（因為這身珍貴的行頭，海獺曾被捕殺到瀕臨滅絕）來禦寒。

與之相反的是**巨獸。牠們面臨的問題不是太冷，而是太熱，龐大身體內部的熱散發不出**

去。犀牛和大象幾乎沒有毛，大象有一套「內置空調」：大耳朵。象耳表面積巨大，裡面又有豐富的血管，血液流往耳朵，憑藉很大的表面積散發熱量，降低溫度，然後再送往全身。

「幸福」的小人國

科幻作家劉慈欣寫過一篇《微紀元》，裡面出現了只有細菌大小的人，微型人的生活很幸福，從多高的地方跳下都不怕，在空中自由自在地飄蕩，簡直是飄飄欲仙。但是，劉慈欣迴避了一個最重要的問題，細菌一樣大的腦子，根本不足以支持人類的思考。

電腦的性能依賴裡面的元件，腦子的性能依賴腦內的神經細胞。腦細胞的數量越多，訊息處理的能力越強。但是，細胞又是一個不能縮小的東西。

細胞是一個精緻的小機器，通過它的表面，氧氣和許多別的東西進進出出。體積大小的變化要比表皮的變化快，這限制了細胞的大小——如果太大，裡面的「餡兒」過於龐大，表皮太少，會因為得不到足夠氧氣而「憋死」，如果太小，又裝不下精緻複雜的「零件」。細胞的大小被嚴格控制在一定範圍內。

細胞不能隨隨便便放大或縮小，細胞的數目也不能減少，所以腦子要正常運轉，必須得保持一定的個頭。世界上第一台計算機重三十噸，因為它用的元件是真空管，體積太大。

如果你把狼的頭骨和經過人類馴化縮小的狼——吉娃娃的頭骨放在一起，會發現一些奇怪的事。狼的頭骨是長形，腦頂是平平的，吉娃娃的頭骨幾乎是球形，腦頂是圓溜溜的，讓人想起科幻故事中，腦子巨大，智慧極高的外星人。吉娃娃不算特別聰明，但維持在狗的水準，牠的身體縮小，腦子卻不能按比例縮小，於是，牠的腦袋和身體相比，顯得碩大無朋。

《微紀元》裡的微型人，身體比正常的神經細胞還小，說實在的，我們不用擔心他們有沒有智慧，他們能否作為活著的細胞存在，本身就是一個問題。

21 為什麼動物不為吃飯也會進行捕殺？

動物攝影師邁可．丹尼斯—赫特（Michel Denis-Huot）拍攝過一組照片，幾隻獵豹抓住一隻黑斑羚（學名 *Aepyceros melampus*），溫柔地舔牠，然後把牠咬死。這組照片在網路上廣泛流行，奇怪的是，最後小羚羊慘死的畫面被刻意剪掉，還經常配上溫情脈脈的文字，宣稱動物只為了吃飯才殺戮，並不像人類那樣殘忍。

一隻動物殺掉另一隻動物，可以有很多種理由，吃只是其中一種。一九七四年，在坦尚尼亞貢貝溪國家公園（Gombe National Park），八隻黑猩猩來到牠們地盤的邊緣，把落單的一隻黑猩猩打得奄奄一息，這隻黑猩猩來自附近領地上的另一個族群，牠們行凶並不是為了吃同類的肉，而是為了侵吞「敵國」的地盤。

如果黑猩猩殺死猴子然後吃肉，在動物行為學上屬於捕食行為，如果牠為了搶地盤殺死另一隻黑猩猩，這就是攻擊行為。**捕食行為是為了吃，可以針對各種可吃的東西，攻擊行為則是為了搶奪資源（食物、異性等），只針對同類。雖然兩者都可能會用到牙、爪和肌肉，但本質上是完全不同的行為。**

獲諾貝爾生理學獎的動物行為學家康拉德．勞倫茲曾說，獅子對野牛流露出的攻擊欲望，不會比人類對晚上要吃的火雞流露出的更多。就像勞倫茲不會對火雞宣戰一樣，一隻動物通過攻擊行為殺死別的動物而不吃，也不奇怪。

除此以外，動物可能為了自衛（防禦行為），為了保護自己的地盤（領域行為），或者為了保護孩子（繁殖行為）殺死其他動物，「吃」只是「殺」的理由之一。說野生動物只為了吃而殺，顯然是不正確。

荷蘭生物學家漢斯．柯魯克（Hans Kruuk）在《斑鬣狗的捕食和社會行為》（*The Spotted Hyena:A Study of Predation and Social Behaviour*）一書中記載，一九六六年，一群斑鬣狗（學名 *Crocuta Crocuta*）咬死了至少一百一十隻湯氏瞪羚（學名 *Eudorcas thomsoni*），還咬傷很多，只吃了一小部分（研究者抽查的五十九頭裡只有十三頭被吃掉）。

鬣狗和瞪羚不是同類，沒有競爭關係，更何況還有一部分瞪羚真被吃掉了，但被殺死的量遠遠超過被吃掉的，「捕」而不「食」，在動物行為學上稱為 surplus killing。在學術論文中，surplus killing 可以翻譯為「過捕」、「浪費能量的獵殺」。對動物有興趣的人可能聽說過「殺過行為」，科普雜誌《森林與人類》在二〇〇〇年第三期刊登過一篇文章，名為《奇怪的動物「殺過」行為》，「殺過」是對 surplus killing 的另一種翻譯，不過，「殺過」在學術界並不是通用術語。

有 surplus killing 行為的動物，除了斑鬣狗還有豹、紅狐、伶鼬（學名 *Mustela nivalis*）、虎鯨、花頭鵂鶹（學名 *Glaucidium passerinum*）、一種雜食性的蝽象（學名 *Macrolophus pygmaeus*），一種蚊的幼蟲（學名 *Corethrella appendiculata*），等等。

柯魯克在一九七二年發表的論文《食肉動物的 surplus killing 行為》（*Surplus Killing by Carnivores*）裡，就研究了 surplus killing 出現的原因。

有人認為，食肉動物（這裡指 carnivore，即食肉目哺乳動物）尋食的行為受到飢飽影響，但捕殺並不是。換句話說，吃飽的貓不會去「尋找」老鼠，但你給牠老鼠，牠仍然會「抓住」並「咬死」，所以食肉動物捕殺可能是不問飢飽的。另外，獵物可以引起食肉動物的捕殺本能，大量的獵物對捕食者是很大的刺激，也會刺激牠不斷捕殺。

另外，獵物不能逃跑或抵抗，也是出現 surplus killing 的一個條件。比如在很黑的暴風雨夜，紅嘴鷗（學名 *Larus ridibundus*）不能飛逃，所以就會被狐狸一個個殺掉。二十世紀六〇年代晚期，蘇格蘭南部必須限制紅狐的數量，以防牠們滅絕當地的紅嘴鷗。

22

為什麼小如螞蟻卻能有巨大的致命殺傷力？為什麼行軍蟻讓人覺得很可怕？

恐怖的行軍蟻傳說

在一九八六年的《讀者》（當時名為《讀者文摘》）上，筆者看到一個令人不寒而慄的故事，亞馬遜河農場被「長達十公里，寬達五公里的褐色蟻群」襲擊，這些螞蟻能瞬間把猛獸啃為白骨。這就是臭名昭著的行軍蟻，關於牠的故事，不計其數。一九九八年《奧祕》雜誌上的一個版本，甚至說行軍蟻什麼都吃，連黃金都會被牠啃齧一空。

螞蟻吃不了黃金，但關於螞蟻、沙漠和黃金的傳說古而有之。早在古希臘作家希羅多德（Herodotus）的著作《歷史》（*The Histories*）中，就記載了掘金蟻的傳說。傳說這種螞蟻體型比狐狸還大，能挖出地下埋藏的金礦，印度人會騎著駱駝來偷牠們的金子，然後掉頭就跑，因為掘金蟻的速度之快舉世無雙。

一些定居的螞蟻（不是行軍蟻，行軍蟻的生活習性很獨特，這一點下面還會講到）會在蟻塚（土堆狀的蟻窩）外面鋪一些小石子，因為石子的導熱效果比泥土好，可以有取暖的作用，有時候螞蟻的「石子太陽能取暖器」裡會混著沙金。研究螞蟻的泰斗級人物、美國生物學家愛德華·威爾森認為，這可能就是掘金蟻傳說的來源。也有人認為掘金蟻的原型是土撥鼠，牠們挖洞時偶爾會帶出地下的沙金。

行軍蟻的家譜

昆蟲學上的行軍蟻（Army ant）一詞，是指多種集群覓食，沒有固定巢穴的螞蟻，牠們分屬蟻科（Formicidae）的三個家族：行軍蟻亞科（Dorylinae）、雙節行軍蟻亞科（Aenictinae）和游蟻亞科（Ecitoninae）。

美國昆蟲學家威廉·戈特瓦爾（William Gotwald）認為這三類行軍蟻雖然習性相似，卻是條條大路通羅馬，各有各自的祖先。行軍蟻起源在非洲，雙節行軍蟻在亞洲，游蟻在美洲。

然而二〇〇三年，另一名美國昆蟲學家肖恩·布拉迪（Sean G. Brady）研究了行軍蟻的基因、形態和近期發現的螞蟻化石，認為這三類行軍蟻有一個共同的祖先，牠們之間不是殊途同歸，而是同路人的關係。行軍蟻共同的老祖先可以追溯到白堊紀，那時美洲大陸與非洲大陸還是相連的，在一億年前，隨著兩塊陸地的分離，身在美洲的游蟻家族，就和其他兩類同胞分開了。

所有行軍蟻都生活在熱帶。行軍蟻和雙節行軍蟻在亞洲、非洲都有，游蟻則在美洲。牠們最喜歡的棲息地是熱帶雨林，食物匱乏的沙漠裡是沒有行軍蟻的。

典型的行軍蟻：鬼針游蟻

南美洲的鬼針游蟻，可能是我們瞭解最多的一種行軍蟻。正如其名，行軍蟻是一支總是在「行進」的「大軍」，沒有固定的家，只在一個地方定居兩三個星期，然後再花兩三個星期遷往下一個地方。鬼針游蟻的臨時「軍營」通常紮在樹幹上，螞蟻們抱成團，把幼蟲和蟻后保護在內。

天亮之後，鬼針游蟻的大軍就開始巡視森林，牠們排成幾十米長的縱隊離開巢穴，然後在縱隊前端成樹冠狀散開，形成寬達十五公尺的巨大扇形，像鐮刀般收割叢林地面上的一切小動物。昆蟲、蜘蛛、蠍子和蜈蚣都不能倖免，有時蜥蜴、蛇和雛鳥也會成為犧牲品。這些獵物不是被當場吃掉，而是被運回到「大後方」的「軍營」裡去。在乾燥的天氣裡，這支大軍行走和屠戮的聲音人耳都聽得見。

許多種螞蟻都會派出單獨的「偵察兵」來尋食，找到食物後再搬大部隊來幫忙。但**行軍**

蟻無論偵察覓食，捕捉食物，還是帶食回巢，總是結成浩浩蕩蕩的龐大軍隊。牠們從來不會單獨行動。

一般來說，食肉動物的獵物都比自己小，但一群食肉動物集合起來，就可以制服比自己強大的獵物，狼和逆戟鯨（別名虎鯨、殺人鯨，英文名 Killer Whale，學名 *Orcinus orca*）都是如此，但狼群絕不會像鬼針游蟻那樣，形成如此恐怖的規模，每群鬼針游蟻的「蟻口」在十五萬至七十萬隻之間，總重可達一公斤。

蟻后是蟻群的生殖器。一般螞蟻的蟻后總在持續不停地產卵，可謂細水長流，但鬼針游蟻的蟻后產起卵來像是潮水般猛烈。大軍一旦在一個地方「駐紮」下來，她的卵巢就開始飛快地發育，膨脹得大腹便便，一週之後，她一口氣產下十萬至三十萬粒卵，等這些卵孵化成幼蟲，軍隊就拔營前往下一個地方。蟻后也停止產卵，恢復「產後辣媽」體型，去追隨大部隊，她有強健的腿，能走長路。

所有三個亞科的行軍蟻無一例外，**都具備鬼針游蟻的三個特徵：沒有定居，集群覓食，蟻后擁有短時間大批產卵的能力和適於遷徙的體格。**其他一些種類的螞蟻，可能會在某些方面類似行軍蟻，但三個特徵兼備的只有行軍蟻。家蟻亞科（Myrmicinae）的多樣擬大頭家蟻（學名 *Pheidologeton diversus*）也會成群結隊剿殺昆蟲，但多樣擬大頭家蟻經常在一個地方定居很久。

行軍蟻到底有多可怕？

這個世界上最強大的行軍蟻，可能是生活在西非的威氏行軍蟻（學名 *Dorylus wilverthi*），牠的蟻群規模可超過兩百萬隻，蟻后一個月能產卵四百萬粒，覓食大軍的縱隊出發時，綿延近百公尺——沒有像傳說般長達十公里，不過也夠可怕了。

美國傳教士兼博物學家湯瑪斯・薩維奇（Thomas S. Savage）在一八四七年發表過一篇恐怖而精采的論文，描述威氏行軍蟻是如何襲擊民宅。牠們長驅直入，與屋子裡的「原住民」——老鼠、甲蟲、蟑螂等——發動大戰，也不放過人們儲藏的鮮肉和油脂，有時甚至關起來的家禽都會被活活咬死。

哇噢！威氏行軍蟻如此了得，吃個人應該沒問題吧？但二〇〇七年的一次研究顯示，威氏行軍蟻九〇％的食物都是昆蟲。

原因很簡單，雖然體型小可以靠數量來彌補，但步伐小是沒有辦法的。單隻螞蟻每小時可以前進約一百公尺，但整個蟻群要慢得多。威氏行軍蟻大隊的前進速度是每小時二十公尺，相比之下，連樹懶的時速都有一・九公里……你還害怕牠們嗎？

雖然對昆蟲甚至蜥蜴來說，行軍蟻無異於死神發出的死刑令，但被行軍蟻幹掉的大型動物，多半是被人類關了禁閉，無路可逃的倒楣蛋。步伐夠大，或者速度夠快的動物，都可以跟行軍蟻泰然相處。在鬼針游蟻大軍前進時，蟻鳥科（Formicariidae）的多種小鳥，都會停棲在樹幹上，等著捕食被螞蟻大隊驚飛的昆蟲。威爾森在著作《昆蟲的社會》（*The Insect Societies*）中說，哪怕是一隻小老鼠，都可以輕而易舉地躲開行軍蟻的攻擊，我們完全可以「高高掛起」，在旁邊觀賞這個演化的奇蹟。

23

為什麼老鷹重生之說不可信？為什麼鳥類的喙會有痛感？

老鷹會起死回生，還真是傳說！不過，跟你想的並不太一樣……

很多人都聽過這個現代的傳說故事：在鷹四十歲時，羽毛、喙和爪子都會因長得過長，妨礙生存。這時牠會拔羽、棄喙、去爪，在一百五十天內靜靜蟄伏，直到這些部分重新長出，經過這次蛻變後，鷹恢復健康，可以活到七十歲。

這個故事顯然是錯漏百出。首先，它所講的物種就錯了。如果你在網路上搜尋這個故事的英文版，會發現它叫做「rebirth of the eagle」，eagle 對應的是中文的「鵰」，而不是「鷹」（英文是 hawk）。「鵰」和「鷹」這兩個詞，是對多種鷹科（Accipitridae）鳥類的統稱，近期對鳥類基因的研究發現，我們原先叫「鵰」的多種鳥，其實應該劃分為不同的類別。但無論如何，「鷹」和「鵰」，或者「hawk」和「eagle」，兩者的涵義涇渭分明，沒有哪一種鳥可以「腳踩兩條船」，同時被歸為「鷹」和「鵰」。

在東方，說到猛禽，我們會首先想到「鷹」這個字。但在西方世界，「eagle」被譽為百鳥之王，具有極高的文化地位。古希臘人以鵰為天神宙斯的象徵，《聖經》裡多次提到鵰，白頭海鵰（學名 *Haliaeetus leucocephalus*）是美國的國鳥。雖然在文化上，「鷹」和「eagle」的地位有可比之處，但你不能張冠李戴。

鵰的壽命不算短，但也活不到七十歲。野生的白頭海鵰最長壽紀錄是二十一年十一個月，人工飼養的要長得多，能活四十八年。**在嚴酷的自然環境下，動物露出老態，會大大增加牠死於意外的機率。**另外，已知最長壽的鳥，甚至最長壽的猛禽都不是鵰。動物園飼養的安地斯神鷹（學名 *Vultur gryphus*）能活到八十歲，安地斯神鷹是體型最大的猛禽之一，不過，牠愛吃腐肉，還是個大禿頭，沒有鵰的形象好，好像不太適合放在「傳說」裡。

鵰為了「重生」，做出的這一套「自虐」行為，就更不可信了。

鳥類更換羽毛倒不是什麼新鮮事。實際上，鳥類經常脫換陳舊的羽毛。爪子尖是角質的，跟我們的指甲一樣，爪尖斷了可以再長出來。問題主要出在喙。光溜溜的鳥喙從毛茸茸的鳥頭上伸出來，看起來像一個奇怪的獨立零件，其實它屬於頭骨的一部分。另外，喙也不是毫無知覺的。**鳥喙的表面覆蓋著一層指甲般的角質，下面則是敏感軟弱的組織，類似人指甲底下的「活肉」，再下面就是骨頭。如果有東西穿透這層角質，鳥類也會感覺疼痛的。**

根據反虐待動物者、哲學家彼得・辛格（Peter Singer）的調查紀錄，有些工業化養雞場為了避免雞互相打架啄傷造成經濟損失，會把雞的喙尖切掉。辛格認為這是一種虐待動物的行為。由此可知，如果鷗真的把喙敲掉，就會「犧牲」一大部分的骨頭和肉，想想就覺得太可怕了。

另外，在「重生」的五個月中，鷗吃什麼呢？爪子沒長出來，嘴沒長好，羽毛也不全，還沒法飛。雁和鴨子的一個特點，就是翅膀上的飛羽同時蛻換，在飛羽沒長出來的時間裡，牠們是不能飛的。在那段時間裡，鳥類的新陳代謝很快，五個月不吃飯必餓死無疑。

這樣說來，「鷹」的重生在科學上完全是無稽之談，不值得我們為它浪費時間。但是，這個故事雖然荒唐，但在人類文化裡卻根深柢固。如果你的研究目標，是人類文化中的猛禽形象，而不是活生生的動物，「鷹」的重生自有它耐人尋味的一面。

「鷹」的重生故事可以追溯到西方一本古籍 Physiologus，可以翻譯做《生理學》，這是一本動物寓言書，用動物的形象來解釋基督教的教義。最早的版本出現在西元二世紀。《生理學》講到，年老的鷗會飛近太陽，用熾熱的陽光燒掉老化的羽毛和眼睛上遮蔽視線的薄膜（似乎是白內障一類的東西）。這個故事的原型，可能出自《希伯來聖經》中的「詩篇」，但「詩篇」的原文只草草提到一句，鷗可以返老還童，細節是《生理學》擅自補充的。這就彷彿中國人用羊跪乳，來證明儒家思想裡的「孝道」。

我們需要瞭解、需要探索的對象，不僅有自然存在的真實世界，也有人腦構想出的想像世界，這兩個世界可能有重合之處，但也可能背道而馳。想像中的鵰和真實的鵰，走向完全不同的兩條路。我們能察覺到這種差距，不僅僅在一個「重生」的小故事上。班傑明．富蘭克林（Benjamin Franklin）聽說白頭海鵰被選為國鳥之後，大為不滿，因為白頭海鵰會搶食其他鳥捕到的魚，行為「不端」，不配成為美國的象徵。

24

為什麼狼和狗的關係說法眾多？為什麼狼不如想像中的團結？為什麼吃對狼來說和地位一樣重要？

小說《狼圖騰》問世之後，受到驚人的歡迎，成為現象級的作品，甚至還拍成電影。狼（學名 *Canis lupus*）是最能引起人興趣的動物之一，也許是因為牠在很多方面和人類驚人的相似。演化把狼塑造為善於奔跑、在空曠草原上結群生活的動物。狼熱愛吃肉，擅長合作獵捕大型動物，雌性照料幼嬰的時候，雄性會把食物帶回來供養家庭。有時候，狼甚至比「正牌」的人類親屬猿猴更讓人類感到親切。

另一方面，狼家族中特殊的一員——狗，讓人類不無擔憂地想，人類也是身戴「文明」鎖鏈、俯首帖耳於更高主宰者的「溫馴」動物。雖然《狼圖騰》裡的「狗」也是一種很受喜愛的動物，但作者刻意強調兩者的區別。小說裡的蒙古人角色，聽說主角要讓狼和狗配種，當即大發雷霆，狗是「人的奴才」，狼是蒙古人崇拜的對象，怎麼能混為一談？我們更加樂意代入一個強大、具有控制感的食肉動物身分，這也反應出我們內心深處的需求。人不願做狗，於是更加神往狼。

奴隸還是神明？

生物學家很早就承認狗與狼的親密關係。達爾文在《動物和植物在家養下的變異》（*The Variation of Animals and Plants under Domestication*）裡，提出狗起源的問題。他列舉了多種犬科動物（包括狼），指出牠們跟家犬的許多相似之處。狗的品種如此繁多，而且長相各不一樣，達爾文懷疑，牠是多種動物馴化，並且互相雜交的成果。與狼同屬的胡狼，包括亞洲胡狼（學名 *Canis aureus*）、側紋胡狼（學名 *C. adustus*）、黑背胡狼（學名 *C. mesomelas*）三個物種，都被他懷疑為狗的「先祖」。

曾獲諾貝爾獎的動物行為學家康拉德．勞倫茲，也認為最早的狗來自胡狼，之後才摻進狼的血統。他把狗的性格分為兩類，他認為隨和、順從的狗，繼承了更多胡狼的行為；而只忠心於一人的狗，則是狼的個性的體現。

兩位偉大生物學家，在這個問題上都栽了跟頭。**在基因檢測技術出現之前，我們只能靠**

表面的形態特徵來分辨不同物種的親疏關係，既然狗的外觀如此千奇百怪，認為牠擁有幾個不同的祖先，也是很合理的猜測。

現在我們知道，在基因上，狼和狗的相似度遠超過其他犬科動物。和狼關係最近的野生物種，北美郊狼（學名 *C. latrans*），牠和狼的基因差異，比狗和狼要多上好幾倍。狗的祖先是狼，大方向已經確定，但是，狗到底是在什麼時候馴化的，由哪裡的狼馴化，科學家們還是各執一詞，爭端激烈。科學技術可以解決許多「懸案」。然而，科學的特徵是我們知道的越多，在我們面前展現的未知問題也越多。

隨便舉個例子。在二〇一三年，有四項關於狗起源的基因研究結果，發表在重要的科技類期刊上，這四篇論文分別來自不同的國家和單位：瑞典烏普薩拉大學的研究結果認為，狗是在一萬年前馴化於中東地區，這裡是文明的搖籃，最早產生農業的地方。中國科學院昆明動物研究所認為，狗是在三萬兩千年前被馴化於中國南部。芬蘭圖爾庫大學的看法是，狗在一萬八千八百年至三萬兩千一百年前，馴化於歐洲。美國芝加哥大學的結果是，狗的馴化歷史有一萬一千年至一萬六千年，但馴化成狗的那批狼已經滅絕，我們已見不到了。

中國狼的「民族問題」

雖然在《狼圖騰》裡，蒙古狼被刻意和狗區分開來，其實牠倒有可能是狗的祖先。內蒙古所產的狼，屬於中國亞種（學名*C. l. chanco*），牠是中國唯一的一個狼亞種，俗名有蒙古狼、西藏狼和中國狼。牠們在俄羅斯、印度、尼泊爾和不丹也有分布。

這個亞種屬於中等身材，四十公斤重的雄性中國狼，已經能算是「巨狼」了。中國狼一般是棕色或棕灰色，有的狼脊背偏黑色，有的狼毛色發紅，也有近乎黑的深色和近乎白的淺色。狼的毛色之多彩，在非家養的大型哺乳動物中，可能只有人類能與之相比。不同地區的狼，毛皮的厚度各有不同，生活在寒冷地方的狼需要更厚的毛皮襖。《狼圖騰》裡寫到，狼的毛色是枯草一樣的灰黃色，一隻狼的脖子和胸脯有大片的白毛，顯得格外醒目，是比較符合事實。但作者說內蒙古的狼是「最大最厲害的」，其實並無根據。

狼的遷移能力很強，因此，中國不同地點的狼可以相互交配。雖然外貌各有不同，分布的範圍也很廣闊，但所有的中國狼在基因上仍然連成一片，沒有分裂成不同的亞種。

知道所有的中國狼「親如一家」後，這樣想想是很有趣的：在眾多的中文作品中，形形色色，或善或惡，或愚或智的狼，其實都來自同一個家族。從《聊齋》裡吃了屠夫一刀的狼，到《狼圖騰》裡的狼神，從魯迅《祝福》中吃掉祥林嫂兒子的凶狼，到《大灰狼羅克》裡為了親近孩子、發誓食素的善狼，牠們都是同一個家庭的成員，只是被人賦予了種種「狼（人）格」。

狼的食譜很廣，大型有蹄類、鼠、兔、鳥、魚、腐屍，廚餘垃圾，甚至水果和草葉都可以充飢，這也是牠能適應多種環境的重要原因。

動物學家喬治・比爾斯・夏勒（George Beals Schaller）發現，在西藏的土則崗日，狼的主要食物來源是遷移路過的藏羚羊（學名 *Pantholops hodgsonii*），其次是鼠兔（鼠兔屬 Ochotona 的小動物，兔子的遠親）。當地的狼沒有被發現有捕食牲畜的「劣跡」，也許是因為食物充足，或者狼的棲息地和人的聚居地相隔比較遠。

雖然《狼圖騰》對狼充滿了崇拜，但作者也承認，狼會對牧業造成危害。內蒙古達賚湖自然保護區，在二〇〇四年七月和二〇〇七年一月之間，有四百二十五隻家畜被狼咬死，損失十八萬元人民幣。偷竊牲畜的事件大都發生在秋季和冬季。一個重要的原因是當地缺乏野生的大型有蹄動物。冬季，嚙齒動物活動減少，候鳥也飛走了，狼沒有食物，就會鋌而走險襲擊家畜。

現代化的牧場用圍欄把草地圍起來，隔斷了大型動物，比如蒙古瞪羚（學名 *Procapra gutturosa*）的遷徙，是狼食物缺乏的原因之一。在《狼圖騰》的結尾處，作者表示了擔憂，新的生活方式對草原生態系統可能造成破壞，這是不無根據的。

父母，還是統帥？

《狼圖騰》裡出現的最大狼群，是「三四十頭」，這個數量在「小說的世界」裡，可能不算什麼，卻讓主角受到極大的震撼，感覺到自然之威。作者並沒有對狼群的數量，做太大的誇張。

一個普通的狼群，一般由一對狼夫妻和牠們的孩子組成，也可能有一些外來者，例如狼夫妻的親戚，或者夫妻一方死掉，「招親」上門的外來狼。有時二至三個狼家庭共同活動，結成更大的群體。在阿拉斯加，曾經觀察到三十六隻狼聚成一個極大的狼群。

狼不會像很多人想像中那樣，形成龐大的「軍團」。一方面，在野生環境下，大型食肉動物的數量本來就極為稀少。牠們需要廣大的土地，足夠多的食草動物，如果「狼口」密度太高，就會面臨餓死的危險。

另一方面，**群體裡的成員越多，彼此之間的關係就越複雜，和人類一樣，太複雜的社會關係，會超出狼頭腦的處理能力**。人多不一定好辦事。

值得注意的是，有一種動物，生活在比狼群大得多的群體裡，那就是人類。我們發達的大腦，可以處理更加複雜的社會關係。某些以狩獵採集為生的族群數量可以達到一百多人。農業出現之後，食物生產效率提高，「人群」更是大大膨脹了。我們之所以能想像出幾百隻的大狼群，是不是因為我們代入人類自己的特徵呢？

狼群中，地位最高的是大雄狼，其次是牠的太太，動物行為學稱之為雄性首領（**alpha male**）和雌性首領（**alpha female**）。狼群要做一件事的時候（比如說捕食，保護領地或者搬到另一個的地方），大多是雄性首領和雌性首領帶頭，跑在最前面引領狼群。用尿液的氣味標記地盤也是雄性首領和雌性首領的工作。

狼王這個詞殺氣騰騰，讓人想到一隻凶暴的猛獸，以鐵腕統治一支鋼一樣的軍隊。實際上，野狼群裡的雄性首領和雌性首領，甚至所有的狼，在大多數時候，都是相當低調的，甚至比圈養的狼還要安靜（動物園的狼是從各處抓來，彼此都是生面孔，容易打起來）。

在野生的狼群裡，地位高的狼很少表現出囂張的姿態和攻擊性。識別狼的「階級」，最簡單的辦法是看尾巴。地位高的狼尾巴舉高，平行於地面，地位低的狼尾巴下垂，有時夾到腿間。「下位者」和「上位者」相遇的時候，有一套動作表示服從：耳朵向下拉，尾巴搖動，舔「上位者」的嘴，有時還會臥倒在地，讓「長官」嗅牠的腹股溝。

對所有生物而言，繁殖都是頭等大事，值得為之爆發戰鬥。如果狼群裡有外來的成年狼想要繁殖，會出現流血衝突，但這種事並不常見。小狼一般長到一兩歲就會離開狼群，這個年齡的狼尚未成年，所以繁殖權掌握在雄性首領和雌性首領手裡，極少遭到挑戰，沒有開戰的理由。與其說狼群裡地位最高的狼，是「狼王」和「女王」，倒不如說牠們是繁育了一群子女的「父母」。

狼以食為天

《狼圖騰》一再強調狼與狗的差別，然而，在一段「閒筆」上，卻展示出狼與狗的相同處：半野的狗「二郎」在野外捕食歸來，看家狗湧上來，搶舔「二郎」的嘴巴。

作者把這種行為簡單地解釋為家狗想吃肉了，其實它的涵義更加複雜。前面說過，「舔嘴」是不同「階層」狼相互問候的「禮節」。狗作為狼的後代，也繼承了狼的行為。「舔嘴」來源於小狼崽向父母討食的動作。表示「服從」的舔嘴，只剩下社交的功能，不再具備「獲得食物」的作用。一種行為改變它本來的作用，變成動物社會交流訊息的手段，這種現象在生物演化過程中並不少見。勞倫茲稱之為「儀式化」。雖然狼的行為並非文化而是本能，但它與人類的禮儀有相似之處。中國古代的大鼎，原本是用來煮肉的工具，後來變成政治權力的象徵。

《狼圖騰》裡半開玩笑地說，「民以食為天」，這一點不如「狼以食為天」準確。狼的社會行為確實經常和「吃」聯繫在一起。食物的分配也反應出地位的高低。**如果狼群抓到大獵物，足夠大家吃飽，無論地位高低，所有狼都可以一起進食。如果獵物小，狼多肉少，狼父母優先進食，然後才輪到半大的少年狼。**

雖然狼之間有「階級」之分，每隻狼對於自己「嘴邊的肉」，都有一定的所有權。如果別的狼湊近到半米以內來搶食，無論地位高低，進食的狼都會凶相畢露地護食。《狼圖騰》也寫到，人工飼養的小狼，對自己的食物表現出非常強烈的占有欲。這不僅是為了充飢，也是為了保證自己的「地位」不會被「僭越」。

狼崽在狼群中的地位最低，但在吃的方面，父母對牠們非常照顧。雌狼生下狼崽後，雄狼非常熱情地承擔起給妻兒送飯的工作，把獵物的肉銜回來，或者吐出胃裡半消化的碎肉，餵給雌狼和狼崽。甚至自己吃不飽，也要分食給太太。狼崽長大一點，就會主動跑出洞穴，歡迎獵食歸來的父母，舔大狼的嘴，讓牠們把胃裡的肉吐出來——這就是狼的「服從禮」的演化起源。

在《狼圖騰》電影拍攝中，一隻人工餵養的狼，曾做出「躺下」和「舔嘴」的行為，不過，牠面對的不是狼王，而是電影導演——正如我們把狼當成穿毛皮的人，狼也把人當成無毛狼。到底誰錯得更多一點呢？很難說。

25

為什麼有的生物會噴水、水從哪裡來？為什麼有的生物會有鮮豔的外表？為什麼有的動物能進行光合作用？

蠻橫的皮卡丘

人人喜愛的精靈寶可夢皮卡丘，是一隻「電氣鼠」，這是很合適的，因為嚙齒目向來盛產萌物。來自內蒙和非洲的跳兔（學名 *Pedetes capensis*）和龍貓的遠親南美洲的山絨鼠（學名 *Lagidium viscacia*）都有可愛的圓滾身材，尖耳朵和粗尾巴。只是牠們身材略小，皮卡丘體重六公斤（小智成天抱著牠，作為一個小孩，可以說是驚人的強壯了），比牠們倆大一倍。沒辦法，嚙齒目如果體積大了，萌度就會直線下降。

但是嚙齒目也有不好處。小型食草哺乳動物很容易被捕食，平時生活都非常小心。跳兔和山絨鼠白天藏在洞裡，夜間才出來，跳兔還有長長的後腿，可以飛快地跳躍。皮神白天大搖大擺滿地走，莫非是不知道「老鼠過街，人人喊打」的古訓嗎？也許我多慮，敢吃牠的動物（或精靈寶可夢）都會像火箭隊一樣被變成電烤吐司。

雖然現實中沒有會放電的老鼠，但也有掌握強力絕招的嚙齒動物：豪豬。舊大陸豪豬科（Hystricidae）的一些大型豪豬，發怒的時候連獅子都要讓道。豪豬的尾刺末端很粗，而且是空心的，好像拉長的高腳杯，這是牠的樂器。牠擺動尾巴，就會發出響亮的「咔咔」聲，恐嚇敵人。

話說皮卡丘會不會發出什麼標誌性的聲音？

「皮卡，丘！」

呃……看來很合理嘛。同理也可以解釋，為什麼皮卡丘的外表如此顯眼：黃色、紅色、黑色，再加上閃電形的尾巴。**具有特殊防身技巧的動物，同時具備奇怪的聲音或鮮豔的皮膚，可以讓敵人記住「不要惹牠」，以此避免不必要的衝突。這就是警戒色原理。**哺乳動物裡，臭鼬也有警戒色，但臭鼬是黑白相間。因為攻擊臭鼬的獸類都是半色盲，黑白對牠們來說最醒目。

這樣看來，皮卡丘的敵人很可能是具有三色色覺的生物，例如鳥類或靈長目。在《精靈寶可夢》動畫裡，皮卡丘初次跟主人小智相見，馬上把他電得漆黑，後來智爺在一群鳥形寶可夢——烈雀的爪下捨命救牠，才開始主動親近牠的主人。這倒是非常合理的。電氣鼠討厭猿，但智爺這個裸猿能幫忙驅趕鳥，兩害相衡取其輕，就勉強跟著你吧。

精靈寶可夢中的妙蛙種子是蛙嗎？

妙蛙種子有尖尖的「耳朵殼」，這是哺乳動物的特徵。但牠的英文名叫做 Bulbasaur，「saur」這個詞是拉丁文的「蜥蜴」，是古爬行動物常用的詞根。

可愛的尖耳朵無法留下化石，但耳朵確實在哺乳動物演化中具有非凡的意義。哺乳類的祖先是獸孔目動物，根據老式的分類法，牠們屬於「爬行類」，但現在傾向於把獸孔目和哺乳類一起歸為合弓類（Synapsida）。耳朵裡傳導聲音的錘骨和砧骨由我們祖先嘴上的骨頭——下頜的關節骨和上頜的方骨——演化而來，根據獸孔目的化石，我們可以發現，從三疊紀到侏羅紀這段時間，這些動物的頜骨逐漸變小，移動位置，向「獸耳」的方向演變。

我們可以想像，精靈寶可夢世界的生物學家把妙蛙種子歸為「爬行動物」，後來發現牠長著一對「獸耳」（具有三塊骨頭的耳朵，能更好地接收高頻率聲音，聽訓練家的命令，大概也會更清楚），放在獸孔目更合適，甚至把牠當成演化論的證據。

等會兒，我們不考慮妙蛙種子是一種植物的可能嗎？

沒關係！光合作用在動物中並不少見。過氣網紅（還是該說網綠？）樹懶的毛髮裡住著藻類，給牠穿上一件綠色迷彩服，**許多動物，比如珊瑚，體內都住著藻類，通過光合作用生產食物。**

這方面最有名的是綠葉海天牛（學名 *Elysia chlorotica*），這種海蛞蝓的消化器官裡寄居著牠吃下的濱海無隔藻（學名 *Vaucheria litorea*）的葉綠體。靠著這些小工廠製造糖分，牠可以十個月不吃飯。更奇特的是，海蛞蝓的染色體裡，存在許多海藻的基因，用來製造光合作用所需的物質。這些基因來自牠們祖先吃進的海藻，經過多代演化，已經寫進海蛞蝓的遺傳密碼。這種奇妙的動物屬性大概是水系加草系，或者蟲系加草系。

烈火焚身的小火龍

在溫度達到攝氏九十二度的熱泉裡，依然可以找到細菌。一種古菌（非常原始的微生物，看上去很像細菌，但分類上關係甚遠）可以忍受攝氏一百一十二度的高溫。這麼說好像挺厲害，但也不足以讓人吃驚到掉下巴。相比其他極端環境而言，生物對「高溫」的容忍能力，似乎有點……弱。動物之中耐力最強的，當屬緩步動物門（Tardigrada）的水熊蟲，牠可以讓自身脫水，變成小小一團。在這種狀態下，水熊蟲的強韌程度，足以讓蟑螂汗顏。牠可以容忍攝氏一百八十度的高溫達兩分鐘，聽起來很了不起，但是，要知道牠在近似絕對零度的環境下，能待的時間也是兩分鐘。然而要想殺死這個無敵聖鬥士，劃一根火柴就可以了。

構成生物的關鍵物質，蛋白質和 DNA 對熱的容忍度都很低，液態水也是生存的必需品（古菌能在超過攝氏一百度的地方生存，是因為深海高壓使水的沸點提高了）。所以現實世界沒有像小火龍這樣屁股著火還安然無恙的蜥蜴。

在生物體內，可燒的東西並不難找，比如牛胃裡的細菌和古菌都能產生甲烷。日本作家柳田理科雄在幽默科普讀物《空想科學讀本》裡提出，怪獸只要在嘴裡含著打火石，吐出可燃氣體，用磨牙的方法打火，就可以實現噴火了。噴火龍說不定也是這個原理……但這樣噴火還是相當有風險。二〇一二年的搞笑諾貝爾獎，就是頒發給一項防止人類「噴火」的技術。治療腸道問題，常用一些瀉藥——甘露醇和山梨醇——來「打掃乾淨屋子」，這些東西被大腸桿菌分解後，會生成大量的甲烷和氫氣。一些治療工作（比如切除息肉）用到的器具，正好又會打火星……結果不是病人掌握了新招式，而是腸道爆炸。

玩火終將自焚。但除了人屬動物以外，確實有一些生物會利用火焰——桉樹。桉樹不會噴火，但縱火能力一等一，藍桉（學名 *Eucalyptus globulus*）甚至得到了「汽油樹」的綽號。在森林裡，它們會脫落大量的樹皮和樹葉，鋪在地上，這是野火的燃料。有些桉樹的樹皮還會剝落，一長條一長條地下垂，另一頭還連在樹上，像撕開的香蕉皮。這東西很容易把地上的小火引到樹上，桉樹葉子又含有許多易燃的油，於是小火變成可怕的烈火。

野火雖然凶殘，但火災燒過的土地是非常好的苗床。別的植物都被燒燬，讓充足的陽光照在地面上，吃植物的蟲子等也被燒死，草木灰又提供了肥料。桉樹種子包在結實的木質外殼裡，可以抵抗短時間的高溫，經歷火災也不會燒熟，災後正是播種的好時機。生物細胞在木頭燃燒的高溫下必死無疑，但植物可以允許（有時是很大的）一部分的組織死亡，正是靠著苦肉計，桉樹實現了火＋草雙屬性。

傑尼龜：如何成為一名噴子？

「噴水」比起「噴火」，真是人畜無害，但還有一個問題。我們看到的火焰只是燃燒產生的發光氣體或等離子體，密度很小。而且一點物質提供化學能，就可以產生壯觀的火焰。水的密度很高，而且幾乎無法壓縮，所以要噴水，必須解決「水從哪裡來」的問題。

龜也像消防車一樣有水箱嗎？還真有！達爾文在加拉帕戈斯群島上發現當地的巨龜膀胱裡充滿清澈、略帶苦味的水（達爾文嚐了），以備不時之需。一種生活在沙漠裡的沙漠陸龜（學名 *Gopherus agassizii*），膀胱的容量甚至達到自身體重的四〇％。說起來好像很大，但用來製造特效，這點水還是太少。精靈寶可夢中的水箭龜體重八十五公斤，我們就算牠像沙漠陸龜一樣，能儲存體重四〇％的水，那就是三十四公斤，普通家用水龍頭的最大流量每小時約一．三立方公尺，也就是說，按照水龍頭的流量吐水，只能堅持不到兩分鐘。

或者我們換種策略，改向消防栓學習？連在水源上，自身不蓄水，只管開噴。這樣的噴子，在自然界也不少。**許多蛾和蝶都會在水坑邊狂飲，不是口渴，而是為了獲取食物裡缺乏的鈉，多餘的水立刻排出體外。**一種穀舟蛾屬的蛾（學名 *Gluphisia septentrionis*）在痛飲時，每隔三秒鐘，都會從肛門射出一股細細的水箭，遠及四十公分外（超過蛾身長的二十倍）。牠可以這樣飲水三個半小時，排水三十八．四毫升，超過蛾體重的六百倍。哇！這個很給力！

但是精靈寶可夢中的傑尼龜是從嘴裡噴水的啊！這個具體的原理就不知道了，我只提一句，「上下顛倒」的例子在龜鱉目裡並不少見。許多龜都會用肛門輔助呼吸（依靠腸道內的微血管吸收氧氣），普通的甲魚會用嘴排泄尿素。

傑尼龜：等老子演化成水箭龜趕緊改成炮管噴水，不然太尷尬了……

26

為什麼猴子和猿不一樣、不一樣在哪？為什麼精瘦的猴子也會有啤酒肚？為什麼金絲猴體型比人類小那麼多、胃卻只小一半而已？

電影《西遊記之大聖歸來》對《西遊記》的全新解讀引起了全中國的「猴子熱」，頹廢大叔版的孫悟空，被嘰嘰喳喳的童年版唐僧——江流兒纏得無可奈何。江流兒小朋友沒來得及問完的「十萬個為什麼」，就讓我來替他問（順便回答）吧！

大聖大聖，你有尾巴嗎？

身為猴子，一定要有尾巴！**猿和猴的最明顯區別，就在猿沒有尾巴。**最常見的一種猿，就是兩足直立的裸猿（人類），當然，也沒有尾巴。不過，在自高自大的裸猿看來，他的猿類近親和猴類遠親都差不多，反正都是毛茸茸，長胳膊，滿臉褶子——《西遊記》原作中提到有四種超脫神明與生物的妖猴：靈明石猴、赤尻馬猴、通臂猿猴和六耳獼猴。通臂猿猴的原型是長臂猿。古人認為長臂猿那兩條極長的胳膊，在腔子裡是通的，一頭「杵」進去，另一頭就可以「戳」出來很長，嗯，有點像帽衫的帶子。

西方人同樣稀里糊塗。歐洲語言裡的「猿」字，經常用來指歐洲的巴巴里獼猴，凡是看不見尾巴的毛茸茸人形動物，都被叫做「猿」，但實際上巴巴里獼猴是有尾巴的，只是比較短而已。

《七龍珠》和《西遊降魔篇》裡的孫悟空，發飆的時候都會變身大猩猩。雖然可以說是最霸氣的明星猿類，但是西方世界發現大猩猩是非常晚的。科學界第一次正式描述大猩猩是在一八四七年，所以牠們跟大聖可以說是一點聯繫都沒有。更要命的是，賽亞人有尾巴！果然是外星動物……

靈長類大多有指甲而不是爪子，便於觸摸樹枝，還有掌紋和指紋加強抓握時的摩擦力。手的拇指和腳的拇趾，都與其餘的指頭分開對握，可以像鉗子一樣夾住東西，這些都是對樹上生活產生的適應。後來裸猿回到地面，把對握的腳趾特徵丟掉了。《西遊記之大聖歸來》裡悟空的手指尖是圓鈍的，而妖怪是尖尖的爪子，而且悟空的腳趾和其他趾掰得很開，是標準的猴腳，很良心。

大聖大聖，猴子只吃桃子嗎？

說起大聖愛吃的東西，不是桃兒就是人參果，其實許多靈長類動物都能吃人所不吃的東西。非洲的獅尾狒（學名 *Theropithecus gelada*）九〇%以上的食物都是草，金絲猴吃大量的樹葉、樹芽和地衣。一些體型很小、具有古老特徵的猴子，例如眼鏡猴，喜歡吃昆蟲。

為了消化粗纖維很多、營養匱乏的植物，猴的消化系統與人不同。金絲猴的身材至多是人的四分之一，胃的大小卻是人的一倍半（容積三升），胃內生活著許多細菌，可以分解粗糙的樹葉。即使是非常精瘦的猴子，也經常會有啤酒肚，因為牠們的消化系統體積太大了。

大聖腰很細，是隻長條的猴子。電影裡面牠吃魚和桃子，這點其實更接近人類。食用易於消化的食物，當然也就用不著很長的腸子和很大的胃了。

猴亞科的成年猴，很少拿食物給幼崽，小猴最多能從媽媽手裡搶或從地上撿到點什麼，大型猿類中的黑猩猩和人類，經常和小孩分享食物。電影裡江流兒把桃子給傻丫頭，大聖把大魚烤了分給江流兒，看來猴子還是有人情味的嘛。

大聖大聖，你是花果山的猴大王嗎？

提到猴群，就不得不提非洲的獅尾狒和阿拉伯狒狒（學名 *Papio hamadryas*），這些長相猙獰的大型猴子，在一個地方可以聚集超過五百隻，除了人類，靈長類裡再沒有比牠們更大的群體了。最小的狒狒群，包括一兩隻雄狒狒和牠的妻妾、孩子，叫做「一夫多妻繁殖單位」（One-male Unit），幾個單位組成一個大一點的群體，叫做「Band」，幾個Band組成壯觀的巨群，叫做「Troop」。單身漢狒狒會自己結群（叫做「全雄群」），或者在別人的群裡遊蕩。

獅尾狒如果生了女兒，女兒就留在母親的單位裡，兒子就出去闖蕩。阿拉伯狒狒則是兒子留家，女兒外嫁到其他猴群裡，這在哺乳動物裡非常罕見。出嫁的辦法也很奇特，八至十一歲的成年雄狒狒，會去別的狒狒群裡搶掠年齡只有牠一半的「少女」狒狒，如果她不服從，就咬她的脖子，如果她們聽話，牠就會像父親一樣照顧她們……啊這部分小孩子不應該聽（搗住江流兒耳朵）。

在單位裡，雄狒狒的地位最高，但是牠管不了單位以外的事，不存在能統治幾百隻猴子的狒狒王。《西遊記》裡面的猴群，不僅有美猴王，還有內部結構，有二元帥、二將軍，「三六九等」的劃分。一群魚或者一群牛羚，只要跟著同類走就可以，但像花果山這樣，保持複雜的社交關係，分出「王」和「臣民」，是非常耗費腦力的。

所以跟一隻猴子保持親密關係的猴朋猴友數量不會很多。黑猩猩的「夥伴」要多一些，人類更多，但我們仍沒有擺脫靈長類的限制：一個人名義上可以在萬人之上，但能夠和他／她保持親密關係的只有一百多人而已。

27 為什麼寐龍是恐龍身為鳥類祖先的最佳證據？為什麼有蜥蜴能水上奔走？為什麼有蜥蜴能御風飛行？

飛蜥：飛龍縮微版

拉丁文的龍（Draco）這個字，很多人都是透過白臉小壞蛋跩哥．馬份（Draco Malfoy）才認識的。在三次元世界，也有一群名叫龍的小怪物。飛蜥屬（*Draco* spp.）的十幾種蜥蜴，在瘦長的蜥蜴身體兩側，長著色彩鮮豔的肋膜，每個看到牠的人都會尖叫：哇！太像龍了！

這些小怪物生活在亞洲東南部，在樹上覓食昆蟲。牠們可稱是迷你型的龍，一般只有五六克重，大飛蜥（學名 *Draco maximus*）是飛蜥裡的巨人，體重三十公克。

飛蜥那對色彩鮮麗的翅膀，裡面有五至七對飛蜥的肋骨，外面蒙著皮膜。這些肋骨由髂肋肌（iliocostalis）、肋間肌（intercostal）和韌帶牽動著，肌肉收縮，「翅膀」就像一把傘張開。平時肌肉放鬆，肋骨疊起來貼在身上，一點也不妨礙行動。

儘管身材嬌小，飛蜥「翅膀」上的壓力並不小。一隻飛蜥每平方公分的翼面積要承載○・六七克的體重，而小型鳥類每平方公分翅膀只要托起○・一二五至○・二五克體重。與飛行家不同，飛蜥是滑翔師，小小的翅膀對滑翔已經夠用了。

飛蜥的滑翔動作，可以分成三階段：首先，從高處跳下，沿一個較陡峭的斜坡下落（角度三十度至六十度）。然後，積蓄足夠動能，就轉為平緩的角度（無目標的時候大約三十度，有目標幾乎是平飛），在空氣中滑行。最後，在接近目標時，向上一撲，定點著陸。

飛蜥「御風」技藝高超，從十公尺高處跳下，在平緩滑翔階段，牠可以前進六十公尺而高度只下降兩公尺。**在空中，飛蜥用鞭子般的長尾平穩身體，變換姿勢，能飛出「之」字和空中大翻滾。**

飛蜥

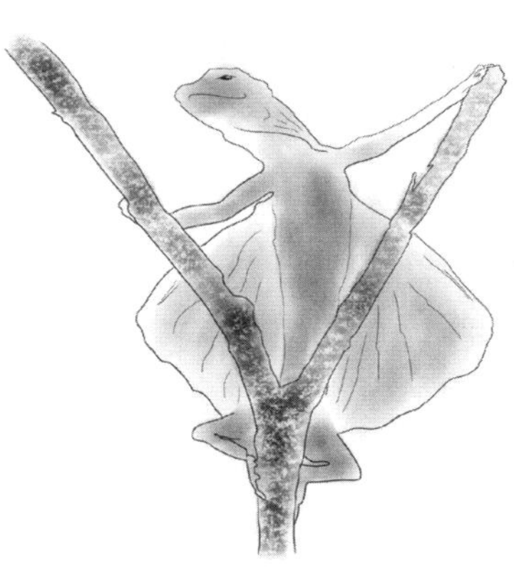

雙冠蜥：水上飄，不是水上漂

蛇怪（basilisk）在西方奇幻小說和遊戲中，是個非常常見非常俗套的角色。根據老普林尼（Pliny the Elder）的《自然史》（*Natural History*），牠生活在非洲，是百毒之王，頭上有王冠樣的白斑紋，行走時不是蜿蜒爬行而是豎起上半身。這個老毒物的原型可能是眼鏡蛇。在後來的傳說裡，又加上了蛇怪是公雞下的蛋孵出的，能用目光把人變成石頭等。

大腳和鳥一樣腳趾細長，蛇一樣的長尾巴，雄性還有兩個又高又薄的頭冠，愚蠢的人類在南美洲發現脊鰭蜥屬（*Basilicus* spp.），張冠李戴給牠安上蛇怪的名字，並不奇怪。雖然長相非主流，真實世界的蛇怪沒有毒，牠們的技能要怪異得多：水上飛。

蛇怪蜥蜴掉在水面上後（牠還可以從水下魚躍而出），**用兩條腿站立，以每秒十至二十步的頻率邁步，先輕輕划一下水，腳平行於水面，然後用力垂直向下踩，水面陷下去，在牠腳下形成一個裝著空氣的空氣洞（aircavity）。蜥蜴靠著水面的反作用力，把自己托在空中。在空氣洞被水補滿之前，牠趕緊把腳提起來，以免被水「拉住」**。蛇怪蜥蜴靠這一招來躲避食肉動物，水上速度可達每秒一．五公尺。

如果人類模仿蜥蜴的方式踩水，需要每秒三十公尺的速度才能停留在水上。不過，水上飄這一招實在太炫酷，愚蠢的人類不會輕言放棄。不僅仿生蛇怪蜥蜴，造出水上跑的兩足機器人，還證明了我們如果在月球上，是可以表演這一招的，不過，那是另一個故事了。

寐龍：龍眠，勿擾！

五十七公分對大約一億兩千八百年前埋藏在中國遼寧北票市的一隻恐龍來說，是個有點弱雞的身長。未成熟的骨骼顯示牠還是個尚未成年的童子小雞。這隻恐龍的相貌也是楚楚可憐：小尖嘴，大眼睛，非常瘦，有鎖骨。

恐龍化石的姿態往往僵硬扭曲，顯示生前的痛苦，這個小傢伙與眾不同。牠蜷成一團，身子坐在彎曲的後腿上，前腿在身子兩邊屈曲著，略往外撇，頭頸彎向左側，腦袋放在左肘彎裡。這是一個熟睡的姿態，因此牠的中文名為寐龍，學名 *Meilong*——是的，就是「寐龍」兩個字的漢語拼音。（實際上，恐龍名字的翻譯方法，應該是拉丁文學名的中文翻譯，後面加一個龍字，例如「*tyrannosaurus*」意為「殘暴的爬行動物」，「rex」意為「王」，連起來 *Tyrannosaurus rex* 就是霸王龍。所以應該叫龍寐龍或寐龍龍……作為恐龍不要太萌？）

這條睡龍的姿勢，是典型的鳥類睡姿，鳥的脖子又長又軟，可以塞到翅膀下，擺成窩脖（tuck-in）的樣子。因為腦袋是散熱很厲害的部位，這樣能夠保暖，不過，不得不說，這樣也有點像燒雞。

寐龍身上還有另外一處鳥的特徵，牠的鎖骨不是像人那樣分開的兩條，而是兩塊連在一起像一個兩齒叉，稱為叉骨。這是鳥類飛行的關鍵器官，在許多小型食肉恐龍身上，都可以找到叉骨。在遼寧省還挖出許多其他種類的鳥樣恐龍化石，有的保留有羽毛，有的像飛蜥一樣能滑翔，甚至可能會飛。正因為這些特點，中國發現的恐龍化石震撼了古生物學界——牠們是恐龍身為鳥類祖先的直接證據。

潛寐黃泉下的睡龍不能醒來，牠的親族們卻在今天的陽光下飛舞著。

28

為什麼爬行類和鳥類總被聯繫在一起探討？為什麼找松露最好讓豬來找會比狗快？為什麼始祖鳥更親近恐龍而不是鳥類？

電影《怪獸與牠們的產地》源自J．K．羅琳（J. K. Rowling）的同名書籍，講述《哈利波特》（*Harry Potter*）世界裡的魔法動物。編劇臆想出的動物具備的特性不外乎「猛」或「萌」，前者以主宰一切的力量與威勢使人心生敬畏（根據演化心理學，這是人類身為靈長目動物對地位較高的個體表示服從的一種情緒），後者喚起我們對嬰兒的憐愛之心，想把牠捧到掌心呵護。神奇生物之所以引人入勝，也許正是因為牠們觸及我們大腦中殘存的「動物性」，直接撩到人性裡最原始的部分。

萌獸：尋金高手與人類夥伴

在《怪獸與牠們的產地》中，外形介於鴨嘴獸和鼴鼠之間的玻璃獸（Niffer）善於尋找黃金，讓人心嚮往之，卻為主人公帶來無數麻煩。似乎說明越大的誘惑越危險，即使「麻瓜」也能依賴動物尋寶。**塊菌屬的松露具有獨特而濃郁的氣味，即使隔著土層，仍然能吸引鹿、兔之類的動物，把它掘出來吃掉。松露藉此傳播孢子。所以，尋找這些珍貴蘑菇的傳統方法就是讓豬用鼻子把它拱出來。**問題是，豬和人一樣喜歡松露，帶著牠找松露隨時都有幾千美元被一口吞掉的風險。所以也有人訓練嗅覺同樣靈敏、更加聽話的狗找松露。不過，狗缺乏豬和松露天生的親密性。**對母豬來說，松露的味道魅力無窮，因為它含有類似公豬外激素的成分。**

長相如細枝的護樹羅鍋，在電影裡非常可愛黏人，還在關鍵時刻拯救了主角。但原作裡這種動物鍾情的是樹木，如果巫師想傷害牠居住的樹，牠會用尖銳的指頭直搗人眼。金合歡屬（*Acacia* spp.）的一些樹，確實養著保鏢——一群偽切葉蟻屬（*Pseudomymex* spp.）的螞蟻。

這些凶猛的螞蟻經常在樹上巡邏，咬死吃樹葉和汁液的昆蟲，金合歡周圍四十公分內，別的植物一發芽，就會被牠們「除草」——咬掉。偽切葉蟻的毒針也很厲害，碰一下金合歡，螞蟻士兵就會蜂擁而出開始蜇人，感覺就如同掉進一叢蕁麻。金合歡為它的保護者提供了豐厚的獎賞，有吃也有住。在它細小的樹葉頂端，會長出富有營養的小顆粒，葉子基部還會滲出類似花蜜的含糖液體。金合歡的刺中心是海綿狀的，螞蟻在上面咬個洞，就能得到一幢現成的房子。

豢養螞蟻「親兵」的植物，已知有幾百種，分屬於不同的科目，它們的螞蟻守護者種類也各異，說明這種植物與昆蟲的親密聯盟在演化史上曾出現過許多次。

另一種螞蟻不僅是樹的守護神，也是人類的盟友。跟素食的偽切葉蟻不同，黃猄蟻（學名 *Oecophylla smaragdina*）是食肉的獵手。黃猄蟻的巢掛在樹上，是用活樹葉和螞蟻幼蟲吐的絲做成，螞蟻們在樹上獵殺各種昆蟲作為食物。早在西元三〇四年成書的《南方草木狀》裡就有記載，當時市場上出售螞蟻窩，把它掛在柑橘樹上，螞蟻就會消滅柑橘害蟲。這是最早的「生物防治」例子，現在的柑橘園，仍然能見到與人類「結盟」的黃猄蟻。到冬天，果農會給牠們搭小棚子禦寒，還有準備雞蛋和蜜糖水為螞蟻補充營養。

猛獸：鳥形蛇與蛇形鳥

電影《怪獸與牠們的產地》中最威猛壯麗的怪獸，無疑是會根據環境變大變小的兩腳蛇（Occamy）和呼風喚雨的「雷鳥」。這兩隻動物的共同點是：又像鳥類，又像爬行動物。

兩腳蛇擁有鳥的翅膀和羽毛，全身如孔雀般絢麗，巢是用樹枝盤繞而成，像鳥巢。「雷鳥」的電影形象和原型（印第安傳說裡的神物）都顯然是鳥類，牠身後長長的、拖行的尾巴，讓人想起鳥類的羽飾，如極樂鳥的尾羽，或旗翼夜鷹（學名 *Macrodipteryx longipennis*）特長的翅翎。但牠的三對翅膀都可以拍動，後兩對翅膀連在尾巴上，如果這條尾巴只是一束羽毛，翅膀內的骨骼和肌肉將無處依附。這是一條有骨有肉，屬於爬行類的尾巴。此外，牠的豎直瞳孔也很像蜥蜴。

在各族的神話傳說中，爬行類（尤其是蛇）和鳥的聯繫常常出現。這兩者彷彿地與天、水與火一樣，具有對應的天性。一個陰冷、沉默、低調，蜿蜒在暗處，隨時準備咬人一口，看似笨拙卻有致命的危險；一個吵鬧、開朗、喜愛白天，擁有美麗蓬鬆的羽毛和高體溫，彷彿太陽和火焰的化身。兩者的性質截然不同，然而很多古代文化都構想出半爬行半鳥類的奇異形象。

阿茲特克、馬雅文明信奉的羽蛇神是一個善良、睿智的神，創造人類並教會人類知識和美德。阿茲特克人稱羽蛇神為Quetzalcoatl，「Quetzal」的涵義為鳳尾綠咬鵑（學名 *Pharomachrus mocinno*），這是一種非常美麗的鳥，受到中南美原住民的喜愛和崇敬，他們用牠的羽毛做成貴族和巫師的頭飾。

在《哈利波特》第二部裡出現的蛇怪也是有鳥和

爬行類雙重特徵的生物。早期的蛇怪形象，出現在老普林尼的《自然史》裡，是蛇中最毒者。後來在歐洲改編成雞蛇怪（cockatrice），傳說牠生自公雞蛋，由癩蛤蟆孵化，外形像毒蛇又像公雞，目光可以把生命體變為石頭。

兩腳蛇的外形有幾分像羽蛇神，但根據原著，兩腳蛇是來自印度和遠東的動物。看來羅琳另有想法。也許我們應該在現實動物中尋找會飛、會變形的蛇：天堂金花蛇（學名*Chrysopelea paradisi*），可以張開肋骨，把自己變成扁扁的形狀，獲得更多升力。從樹上跳下，牠可以滑翔一百公尺。更讓人興奮的是，「飛蛇」生活在東南亞，在印度也有分布。

半爬行類半鳥類的動物，不僅吸引巫師，也讓「麻瓜」入迷。「恐龍」這個詞，像「巫師」一樣足以吸引全世界的孩子和童心未泯的大人。**恐龍既然屬爬行類，早期的古生物學家（還有恐龍迷）想當然地認為，牠們是冷血、帶鱗、笨拙的動物，四肢彎曲，腹部著地，如同醜陋的大鱷魚和巨蟒。**

但隨著古生物學的進步，恐龍的形象從「蛇」逐漸向「鳥」靠攏，恐龍是溫血的，能直立行走，身手敏捷，外表比鱷魚華麗。從一九九六年發現中華龍鳥開始，中國已出土幾十種帶羽毛印痕的恐龍化石。小盜龍亞科（Microraptorinae）的一些恐龍，身材瘦小，四條腿上都長著又長又硬的羽翎，好像四隻翅膀，長長的尾巴上也披著羽毛。再沒觀察力的人都能看出牠們和電影中「雷鳥」的相似之處。

二〇一一年，古生物學者徐星和鄭曉庭發表在《自然》（*Nature*）雜誌上的一篇文章對「麻瓜」學術界造成的震驚，大概不亞於「雷鳥」的霹靂。他們參考比較了多種帶羽毛的恐龍，和一種大名鼎鼎「具有爬行類特徵的鳥」——始祖鳥，畫出了鳥類和恐龍的演化樹。始祖鳥兼具豐滿的羽翼，和有骨有肉的「蜥蜴」長尾巴，一直被尊為「最古老的鳥」。徐星等人認為，始祖鳥比起鳥類，更接近於恐龍，這個發現與演化論並不相悖：一些新發現的小型恐龍，牠們和鳥的親緣關係甚至近於始祖鳥。

「恐龍是鳥類祖先」的觀點，已得到古生物學界普遍的認同。爬行類和鳥類看似迥然不同，「麻瓜」們卻發現，兩者有著實實在在的聯繫。甚至有一些動物，撲朔迷離，你分不清牠是鳥類還是爬行類，這是連巫師都始料未及的。

29

為什麼恐龍化石會讓學者們各自做出不同的形象解讀？為什麼恐龍生活在水裡的理論被推翻？為什麼恐龍究竟如何行走活動，是冷血還是恆溫生物始終爭論不停？

《大雄的恐龍》是藤子・F・不二雄的第一部長篇哆啦A夢故事，創作於一九七九年和一九八〇年之間，一九八〇年被製作成電影，後來在二〇〇六年，又重製了電影《新・大雄的恐龍》。《哆啦A夢》（《機器貓》）這部作品擁有經久不衰的魅力，一個原因是我們能從中看到時間的變遷：時光機器接通了未來世界和史前洪荒。

恐龍是史前時代的象徵，這些巨大生物的真身早已化為頑石，但人們心目中的恐龍形象，卻隨著科學的發展不斷進行著改變與重建。相隔多年，大雄、胖虎、小夫仍然小學未畢業，恐龍的形象卻大不相同了。於是，恐龍有了兩副面貌，一副是早已塵封的「過去」，另一副是生生不息，變革不止，而且活力越發旺盛的「現在」。藍色胖貓乘坐時光機，把這兩者聯合在一起。

重造恐龍：夢開始的地方

《大雄的恐龍》的故事，是從一塊霸王龍爪化石引發的。現實中的故事，也要從恐龍的爪子開始，一八六六年，年輕有為的古生物學家愛德華·德林克·科普在美國發掘出一頭恐龍的化石，爪子長達二十多公分，而且尖利彎曲，宛若猛禽。科普一下子被震懾住，他認識到這是一頭強悍的食肉動物。

他給這個巨怪取了一個響亮的名字：鷹爪暴風龍（學名 *Laelaps aquilunguis*）。後來，因為 Laelaps 這個名字已經有其他動物使用，改名為鷹爪傷龍（學名 *Dryptosaurus aquilunguis*）。在報告裡，科普激情澎湃地描寫道，這頭長達六公尺的怪物，曾在白堊紀的土地上飛奔，跳躍九公尺之遙，利用利爪和巨大的體重，向獵物發起致命的一擊。

科普屬於被恐龍魅力所「俘獲」的第一批人。這些元老級的恐龍迷，和今天的人一樣，善於把幻想變成實體。英國的西德納姆市佇立著世界上第一批古生物模型，有恐龍還有其他滅絕爬行類。這些巨大的生物，是約瑟夫·派克斯頓水晶宮（Joseph Paxton's Crystal Palace）的展品。由美術家班傑明·瓦特豪斯·霍金斯（Benjamin Waterhouse Hawkins）在當時權威古生物學家理查．歐文（Richard Owen）的指導下製造。水晶宮是一座用玻璃和鑄鐵骨架建成的建築，非常壯觀，在當時是英國展現國力的偉大象徵。一九三六年，水晶宮毀於火災，恐龍模型卻留到了今天。

在今天看來，水晶宮的恐龍們形象頗為滑稽。身形臃腫，四肢粗短，沒有脖子，滿身凸凹的鱗皮，彷彿蜥蜴和河馬雜交的後代。在當時，這些生物巨大的體型和奇異的外貌，卻把上至自親國戚（製造這些模型的主意，最早是由阿爾伯特親王提出），下至老百姓的觀眾迷得神魂顛倒。

偉大的蜥腳類

哆啦A夢的電影裡，出現一群碩大無朋的恐龍，牠們與劇情主線關係不大，卻很好地營造出恐龍世界的壯偉氣氛。一般人想到恐龍，頭腦裡出現的除了（一定會有的）霸王龍，多半是這些形象：長尾巴，長脖子，短粗的腿，小小的頭。雖然巨大，卻是素食者。這類恐龍稱作蜥腳類（Sauropoda），是地球上存在過最巨大的陸生動物。碩大的「皮之助」跟牠們相比，就成了矮子。順帶一提，雖然電影叫《大雄的恐龍》，但主角「皮之助」是一隻雙葉鈴木龍（學名 *Futabasaurus Suzukii*），屬於蛇頸龍類，牠與恐龍的關係比恐龍與家雞的關係更遠。

這些溫和巨人的發現故事，要從另一位古生物學家講起。一八七七年，奧塞內爾．查利斯．馬什（Othniel Charles Marsh）正在研究從美國懷俄明州發掘出來的化石。雖然都是當時最有名望的古生物學家，他與科普的性格差異宛若小夫和胖虎，科普衝動、大膽、愛冒險，馬什比較低調，富有心機，寧可坐在實驗室裡動腦筋。兩個人都非常自大，為了名聲和寶貴的化石，經常發生爭執。古生物學家爭吵的辦法，**就是比賽誰能發現更大、更厲害的恐龍**。

這具化石非常龐大，長達二十多公尺，興高采烈的馬什給它起了一個響亮的屬名——雷龍屬（*Brontosaurus*），表示牠的腳步聲像雷霆一般，足以震動大地。牠的種名是秀麗雷龍（*Brontosaurus excelsus*），不得不說，這個名字有點張飛繡花的感覺。美中不足，這具化石沒有腦袋。馬什急著要狠狠「將」科普一「軍」，當然不能容許這種缺陷，他參考另一個巨大的蜥腳類恐龍屬——圓頂龍屬（Camarasaurus）的頭骨，給雷龍的骨骼圖畫上腦袋。後來拼裝展出的雷龍骨架，是頂著一個酷似圓頂龍的腦袋。

順帶一提，雷龍這個威武的名字，頗有點爭議。雷龍屬的化石，跟先前發現的另一個屬——迷惑龍（*Apatosaurus*），並沒有多少區別，所以很多科學家認為，雷龍這個屬應該取消，歸入迷惑龍屬。二〇一五年的研究又有新動向，雷龍和迷惑龍的差別足夠大，可以支持雷龍獨列一屬。這再次證明，恐龍的研究日新月異，一不小心就會落後於時代。

另一種有名的蜥腳類，是在一九〇〇年發現的卡內基梁龍（學名 *Diplodocus*

carnegiei）。牠的體長達到驚人的二十七公尺，身材瘦長，尾巴極長，單單是尾椎骨就超過七十塊。以美國鋼鐵業的巨頭安德魯．卡內基（Andrew Carnegie）命名，這位富豪對古生物學的資助非常大方，投資建造了卡內基自然史博物館（Carnegie Museum of Natural History）。「土豪」與恐龍之間，似乎總是有聯繫。中國的山東天宇自然博物館館長鄭曉廷，原先是一座金礦的礦長，坐擁財產幾億人民幣，他斥巨資建造天宇自然博物館，還親自參與研究，並在頂級期刊上發表過關於鳥類演化的論文。

梁龍的出世引起了轟動。卡內基複製了好幾具梁龍化石的模型，贈送給英、法、德等國，更使牠聲名遠揚。蜥腳類恐龍一下子成了超級明星。畢竟，沒有什麼東西能比這些洪荒巨怪更讓我們感覺敬畏和震撼。說到對巨大東西的迷戀，有一種「恐龍」不得不提。科普在一八七八年宣稱自己發現一種蜥腳類恐龍，他只找到一塊不完整的脊椎骨，但這塊骨頭若是完整的，長度會達到一．八公尺，這種恐龍的體型已超出「龐然大物」，進入「排山倒海」的境界。牠就是易碎雙腔龍（學名 *Amphicoelias fragillimus*）。

參考梁龍的體格，我們可以猜測，如果這隻恐龍真的存在，牠的體長會達到五十八公尺，超過梁龍的兩倍！但是，後人整理了科普的化石收藏，並沒有發現這塊傳奇巨骨，在科普宣稱發現易碎雙腔龍的地方，也沒有再找到易碎雙腔龍的化石。在電影裡，大雄「自我批評」說自己生氣的時候就喜歡吹牛。古生物學界的大咖和小學生之間，到底有什麼關係呢？筆者不想點明。

回到雷龍的故事。馬什去世後，對雷龍的研究還在繼續，人們陸續發現了一些蜥腳類恐龍的頭骨，逐漸意識到馬什「張冠李戴」，給雷龍安錯了頭。圓頂龍的頭骨形狀短、圓，雷龍的頭骨更扁、更長，有一張又扁又寬的嘴。一九一五年，卡內基自然史博物館的館長威廉・霍蘭（William Holland）提議給館內的雷龍換個腦袋。當時位於紐約的美國自然史博物館（American Museum of Natural History）主任亨利・費爾菲爾德・奧斯本（Henry Fairfield Osborn）是研究雷龍的古生物學家，他覺得這對他的學術聲譽有損，堅決反對。奧斯本和霍蘭相互較勁，霍蘭一氣之下，索性把雷龍標本上的腦袋拿掉。於是，一具脖子光禿禿的恐龍骨架矗立在博物館裡。直到霍蘭去世，（圓頂龍的）腦袋才安了回去。

一九七九年，科學家約翰・麥金托什（John McIntosh）研究了大量古生物方面的資料紀錄，終於做出歷史性的決定，把雷龍的圓頂龍腦袋拿下來，更換成雷龍的。這隻可憐的巨怪與牠的腦袋分離了近一百年。

從曳尾泥塗中到頂天立地

在《哆啦A夢》原作漫畫裡，蜥腳類恐龍登場的方式，是從火山湖裡出現，像巨島一樣浮出水面。電影裡，牠們卻搖晃著長脖子，在旱地上行走，慢悠悠地接近湖邊飲水。這個改動，其實反應了古生物學界的一個重大問題。很長一段時間裡，我們並不知道，這些令人神魂顛倒的巨龍是怎樣生活的。

回到科普和馬什為恐龍爭吵的時代。蜥腳類恐龍這麼大，把牠們安排在水裡，讓浮力抵消巨大的體重，不是很好嗎？科普和馬什做出了同樣的決定：這些長脖子的巨龍，應該是像河馬一樣的水棲動物，以水草為食。脖子豎起來，可以當潛望鏡和通氣管。

美國的奧利佛．黑爾（Oliver Hay）和德國的古斯塔夫．托尼爾（Gustav Tornier）認為，蜥腳類恐龍既然是爬行動物，就應該像蜥蜴和鱷魚一樣「爬行」。在他們繪製的圖畫上，恐龍是鱷魚般的姿態，四條腿向外「撇」，腹部貼地，在沼澤地的爛泥上緩慢滑行。這種想法沒有流行多久就遭受到美國古生物學家的激烈反對。**卡內基博物館的館長霍蘭詳細研究過梁龍的化石，他有充分的證據可以確定恐龍是像走獸一樣站立，身體由四條筆直的腿支撐遠離地面，這是恐龍與現代爬行動物最明顯的區別。**「趴著的恐龍」被嘲諷為「滑稽漫畫」，如果擺成鱷魚的姿勢，可憐的雷龍根本動彈不得。

生理學的研究結果被引進古生物學之後，人們發現科普和馬什對蜥腳類恐龍的猜想有個嚴重的問題。水越深，壓強越大。**如果恐龍在深水裡潛行，七八公尺長的脖子直直朝上伸，搆到水面，七八公尺的水深差距所產生的水壓，足以把恐龍的肺擠扁，讓這可憐的動物瞬間喪命。**這讓人想到《航海王》裡的一幕，「橡膠人」魯夫落入深水，雙腳卡在水泥中，夥伴無法救他出來，就把他的脖子抻長，拉出水面呼吸。即使橡膠人不會被壓死，魯夫也無法用這種辦法呼吸，水壓會把他肺裡的空氣都擠出來，像捏橡皮鴨子似的。

雖然「潛水艇」和「趴著的恐龍」都被否決了，但早期圖畫中的恐龍形象還是不可避免地受到這兩者影響。蜥腳類恐龍四肢微曲（雖然沒有趴在地上），身軀笨重，柔軟的尾巴拖在泥地裡，周圍不是水塘就是沼澤，宛若河馬和水蛇的結合體，這也很接近《哆啦A夢》漫畫裡的恐龍形象。

美國古生物學家羅伯特·巴克（Robert Bakker），是個非常大膽，也非常聰明的人。一九七一年，他發表一篇論文，把潛水艇般的恐龍徹底「推翻」。他用現代的大型動物——大象與河馬，跟蜥腳類恐龍進行了比較。**河馬大多數時間泡在水裡，四肢關節軟弱（當然，是跟大象相比），因為牠不需要長時間支撐體重。蜥腳類恐龍的腿不像河馬腿，更加粗壯有力，如同大象的腿。所以牠應該在陸上生存。**二〇〇六年的電影裡，蜥腳類被放在堅固的地面上，穩穩地站立著。

另一個關於「恐龍在陸地上」的證據，來自骨骼化石上的印痕，科學家通過這些痕跡推斷，蜥腳類的脊椎上有很多氣囊，這些龐然大物（至少有一部分）是「空心」的，並沒有看上去那麼沉重。換句話說，恐龍並沒有胖到在地面上動彈不得的程度（好像不是對牠的誇獎）。順便提一下大家都感興趣的問題：恐龍和鯨誰比較大？最大的蜥腳類比鯨長，但最大的鯨更重。藍鯨體重能達到一百七十噸，是地球上有過的最胖動物。這個超級胖子必須生活在水裡，用浮力抵消體重。

食肉猛龍與太陽燒烤

與溫和的巨人同台出場的，還有凶殘的巨人。霸王龍在哆啦A夢的電影裡是一個關鍵角色。所有食肉恐龍，包括霸王龍、傷龍，還有一些體型更小卻同樣有名的食肉恐龍，都屬於獸腳亞目（Theropoda）。從《侏羅紀公園》到《侏羅紀公園：失落的世界》，這些食肉猛龍都是超級明星。

在一九八〇年的漫畫裡，霸王龍的身體筆直矗立，像一座塔樓，尾巴拄在地上，協助兩隻腳支持體重。新電影裡的霸王龍，卻是尾巴高舉，水平伸向身後，身體也是平平地朝前伸。如果前者是巋然不動的巨塔，後者就是隨時準備衝擊的戰車。實際上，尾巴拄地的霸王龍和「潛水艇」雷龍一樣都是人們不合理的想像。**霸王龍要是直立著用尾巴支撐身體，巨大的體重直接壓下去，尾骨根本吃不消**。另外，至今發現的恐龍足跡化石，無論是蜥腳類恐龍，還是巨大的食肉恐龍，都沒有找到尾巴拖地的痕跡。在美國自然史博物館有一具著名的霸王龍骨架標本。一九九五年，他們把矗立如塔的霸王龍化石重裝一遍，變成「平平地朝前伸」的樣子。館內的古生物學家風趣地說：「原來它看上去像怪獸哥吉拉，現在它更像一隻鳥。」

這種「哥吉拉」式的形象，可以追溯到很早以前。一八五八年，美國國家科學院（United States National Academy of Sciences）的院長約瑟夫・萊迪（Joseph Leidy）研究鴨嘴龍屬（*Hadrosaurus*）的時候，發現牠的前腿短，後腿卻很長，他得出結論，鴨嘴龍應該是用後腿站立的動物。他參考了現存的兩腿直立動物——袋鼠。袋鼠可以直立，尾巴垂在地上，還可以幫助支撐體重。萊迪心目中的恐龍也是這樣的形象。鴨嘴龍是食素的恐龍，在親屬關係上和霸王龍相差甚遠，但牠們都有「大長腿」和「小短手」，霸王龍也順理成章地成了凶殘的「袋鼠」。

哥吉拉，以及影視作品中各種「小怪獸」的形象，是對（錯誤的）直立恐龍的模仿，牠們尾巴拄地，不動如山的樣子不同於任何真實的動物。這些怪獸中最有趣的莫過於《精靈寶可夢》中的「袋獸」。袋獸是草食動物，有肚袋用來裝孩子，還有尖尖的耳朵，但牠的皮膚覆蓋著厚甲，爪子粗大，尾巴比袋鼠強壯許多，顯然是哥吉拉的樣子。恐龍「模仿」袋鼠，而怪獸又「模仿」恐龍，到了酷似袋鼠的袋獸這裡，繞一圈又回到袋鼠這個原點。

一九六四年，美國古生物學家約翰・奧斯特倫姆（John Ostrom）發現了平衡恐爪龍（學名 *Deinonychus antirrhopus*）。

恐爪龍身長約三公尺，這在恐龍裡並不出奇，但牠改寫了人們心目中恐龍的形象。恐爪龍的尾巴被骨突和骨化的肌腱連接起來，筆直僵硬。坐在一根棍子上顯然是不可能。這條尾巴不適合支撐體重，如果把它當成雜技演員的平衡棒，要合適得多。

恐爪龍的兩隻後腳上，各長著一個碩大的鉤爪，牠要使用這件武器刺殺獵物，必須抬起一隻腳，保持平衡的尾巴，此時便可以派上大用場。

和一百多年前的科普一樣，奧斯特倫姆對凶猛的食肉恐龍入迷。恐爪龍身手敏捷，堪稱恐龍中的刺客。但是，飛快的移動是需要本錢的。現代的爬行動物都是冷血動物，跟恆溫動物相比，冷血動物的新陳代謝非常緩慢，消耗能量慢（一隻蜥蜴需要的食物，不到同體重獸類的十分之一），肌肉動作也慢。「馬力」不足，不可能像恐爪龍一樣上躥下跳。前面說過，蜥腳類是四腿筆直、行走在陸地上，雖然這些龐然大物行動緩慢，但要支撐牠們的體重是需要巨大的能量。冷血動物的力量遠遠不夠的。

冷血動物都喜歡曬太陽，身體暖和，體內的生化反應加速，代謝加快，力量也會增大。恐龍是不是用太陽能給自己「加油」的呢？一九四六年，美國自然歷史博物館的古生物學家埃德溫．科爾伯特（Edwin Colbert）和同事決定做一個「模擬實地」實驗。他們選擇炎熱的佛羅里達州作為實驗地點，沒有「真正的」恐龍，就拿體重一至二十二公斤的短吻鱷來代替。讓牠們曬太陽，然後再測量短吻鱷的體溫。科爾伯特甚至考慮到，有些恐龍是用兩腳站立的，於是，倒楣的鱷魚被木架子支撐起來，擺出直立的姿勢。

最小的鱷魚，體溫升高的速度是較大（十四公斤）鱷魚的五倍。由此可以推斷，比實驗鱷魚重七百倍的恐龍，體溫上升華氏一度，要曬八十六小時的太陽！實驗中發生了一件不幸的意外：兩條短吻鱷死於皮膚曬傷。野生短吻鱷感覺表皮太熱的時候，可以跳進水裡降溫，實驗的鱷魚被拴起來，無處可逃。恐龍要靠曬太陽升溫，身體深處還沒有曬熱，皮膚恐怕已經焦脆了。奧斯特倫姆，連同他的得意學生，就是那位研究大象和恐龍腳的巴克，拋出一個精采的結論。恐龍應該是恆溫動物！

除了靈活的恐爪龍和倒楣的鱷魚以外，他們還列舉出許多證據。比如，巴克提到，食肉恐龍的化石很少。在大批化石埋藏的地方，食肉恐龍的數量大概相當於素食恐龍的三％至五％。這個巨大的數量差，更接近今天的凶禽猛獸（恆溫），而不是爬行動物（冷血）。要許多食草恐龍才能「養活」一隻食肉恐龍，說明食肉恐龍很能吃。只有新陳代謝迅速的恆溫動物，才會需要這麼多食物。

「溫」和「冷」一字之差，蘊含著古生物學界的巨大改變。恐龍不是笨重、遲緩的大蜥蜴，而是充滿力量、身手矯健的熱血動物，原先牠們身陷泥潭，現在牠們的足跡踏遍整塊大陸。巴克不無驕傲地，把自己的文章命名為「恐龍文藝復興」。經歷一場變革之後，恐龍像文藝復興一樣，變得更活潑，更生動，也更豐富多采。

30

為什麼始祖鳥是爬行類還是鳥類會爭議一百年？為什麼發現有羽毛的恐龍顛覆了對恐龍的認知？

從潛龍在淵到飛龍在天

始祖鳥（學名 *Archaeopteryx lithographica*）從出土的那一天就面對著無窮無盡的爭議。因為牠是演化論的最好證據：始祖鳥生活在約一億五千年前，牠的前肢變成翅膀，身上長滿羽毛，嘴裡有牙齒。牠身體的各部分特徵，都說明了牠是爬行動物「變成」鳥的中間階段。

第一具始祖鳥化石在德國巴伐利亞出土時，正值達爾文的《物種起源》出版，有關演化論的爭論正進行得熱火朝天。始祖鳥送來「助攻」，達爾文當然很高興。不過，歐文——

就是指導霍金斯在西德納姆市製造恐龍模型的歐文——把這具化石視為眼中釘。歐文對古生物的研究貢獻甚大，但他也是演化論的主要反對者，為了不讓始祖鳥落到「敵人」手裡，他斥巨資把化石買來，收藏在大英自然史博物館，就是今天位於倫敦的自然史博物館（The Natural History Museum）。歐文一心只想駁倒達爾文，到了罔顧事實的程度，他對始祖鳥的研究錯漏百出，大失「古生物權威」的身分。

關於始祖鳥的爭論，一直延續到一百多年後。一九八五年，天文學家弗雷德．霍伊爾（Fred Hoyle）在《英國攝影雜誌》（*British Journal of PHOTOGRAPHY*）上發表文章，說倫敦自然史博物館的始祖鳥是偽造，羽毛是印上去的，目的是給演化論提供「證據」。科學家們哭笑不得，但還是檢查了始祖鳥的化石。化石當然是貨真價實的，這場鬧劇最大的成果就是把博物館的專家們累得夠嗆。他們花了好幾天來回覆全世界好奇的記者打來的電話。

二〇一一年，發表在頂級科學期刊《自然》上的一篇論文，再次挑戰了始祖鳥的地位。這一次發動攻擊的是中國人。古脊椎動物與古人類研究所的研究員徐星，他的工作團隊比較了八十九個物種（有恐龍，也有鳥類）的三百七十四個特徵，包括用「土豪」古生物學家鄭曉廷命名的鄭氏曉廷龍（學名 *Xiaotingia zhengi*），得出一個驚人的結論：**一些小型的獸腳類恐龍，要比始祖鳥更接近鳥，始祖鳥應該劃分為恐龍！**不過，徐星把始祖鳥推下神壇，並不是為了反對達爾文。始祖鳥地位的變更，正說明演化論找到了更多的證據。

華麗暴龍的霓裳羽衣

《哆啦A夢》電影裡，出現了一群瘦小的獸腳類恐龍，哆啦A夢一行人騎牠們代步。這些龍套角色只是一閃而過，但牠們有一個引人注目的特徵：羽毛。在漫畫裡，這些恐龍是光禿禿的。長毛的恐龍形象代表著古生物學界的另一場變革。

證明恐龍是恆溫動物的奧斯特倫姆和巴克，同樣熱衷於瞭解恐龍和鳥類的關係。他比較了小型食肉恐龍和鳥類，證明牠們的骨架十分相似。實際上，你也可以說始祖鳥「酷似」恐龍，一九五一年發現的一件始祖鳥化石，二十多年間竟一直被當成小型恐龍的化石。

既然恐龍是恆溫的，那麼牠們就可能有毛髮，用來保持體溫。奧斯特倫姆認為，這些毛髮後來演化成飛行用的羽毛。巴克更加勇敢，他說，恐龍應該從爬行類中分出來，和鳥歸為一類。恐龍並沒有滅絕，牠就生活在你家院子裡。

有羽恐龍

《哆啦A夢》的主要作者藤本弘逝世於一九九六年。同年，一件奇特的化石在遼寧北票市的四合屯出土，又一次改寫了恐龍的形象。這位喜愛恐龍的偉大漫畫家，無緣目睹隨後井噴式的恐龍新發現，不能不說是一件憾事。

這件化石出土的地層，被稱為熱河生物群，包括中國、蒙古和西伯利亞的部分地區，距今一億多年。在遼寧，熱河生物群的化石不僅數目多，還保存得非常好。這要歸功於頻繁的火山噴發，火山灰葬送了各種動物，也把牠們的遺骸保存下來，以另一種方式賦予牠們不朽。舉個例子。迄今為止發現的始祖鳥，一共有十二副骨骼和一個羽毛化石，在四合屯一個不到一百平方公尺的化石坑裡，就發現二十七隻鳥化石！這些鳥被歸為孔子鳥屬（*Confuciusornis*），牠們是相當原始的鳥類，但嘴裡沒有牙，比始祖鳥更「像」鳥類而非恐龍。想要瞭解鳥類的起源，這是一個再合適不過的地方。

繼續講恐龍的故事。一九九六年，中國地質博物館館長季強，得到四合屯當地農民李蔭方送來的一件化石，那是一隻很小的獸腳類恐龍，躺在一塊七十公分長的石板上，牠的脖子和背部，可以看到一列黑黑的印跡，好像許多細絲排列在一起。這是一隻毛茸茸的恐龍！喜出望外的季強，給這件化石命名為原始中華龍鳥（學名 *Sinosauropteryx prima*）。這個名字足以說明這件化石的意義。它是在中國發現的，兼具鳥類和恐龍的特徵。鳥類的起源問題將在它身上得到解答。

原始中華龍鳥只是個開始。帶羽毛的恐龍不斷出土，令人應接不暇，它們中有一些奇特到足以成為新一代的恐龍明星。顧氏小盜龍（*Microraptor gui*）大小如鴿子，前腿和後腿上都長著羽毛。那不是細細的茸毛，而是中間有羽毛桿的，筆挺的翎毛，彷彿長了四片翅膀。這些翎毛是不對稱的，也就是說，羽毛桿上的羽片一邊小一邊大。現代鳥類的翎毛也是如此，不對稱的構造有助於獲得空氣動力。顧氏小盜龍還不能飛行，但牠可以利用這些獨特的羽毛滑翔。華麗羽暴龍（學名 *Yutyrannus huali*）是霸王龍的遠親，頭骨長九十公分，體重估計超過一噸。根據化石上的印痕判斷，這頭可怕的食肉動物，全身覆蓋著絲狀茸毛。有人忍不住猜想，如果霸王龍也是全身毛茸茸，是否有損於牠的威嚴？

已知的帶羽毛恐龍種類超過三十個，中國（當然）是其中大宗。恐龍形象又翻開了新的一章：恐龍不僅是熱血、活潑的，還是鳥類的先祖，身著霓裳羽衣。這場變革同樣影響到《哆啦A夢》的世界。在新銳動畫（SHIN-EI）公司製作的新版動畫裡，「中國恐龍展」出現了長羽毛的小盜龍，哆啦A夢和大雄甚至把一隻麻雀變成恐龍（當然，是毛茸茸的），來解釋恐龍與鳥類的關係。

值得說明的是，**大多數我們發現的帶羽毛恐龍，都不可能是始祖鳥的直系先祖**。羽毛恐龍最為豐富的遼寧熱河生物群，距今約一億三千年，敏感的讀者會注意到，這個時間比始祖鳥稍晚，而且熱河生物群有很多真正的鳥。爺爺不可能比孫子年輕，所以，毛茸茸的中華龍鳥並不是鳥的真正祖先。這好比說，人類的祖先是猿，黑猩猩是猿，跟人類有許多相似之處。但我們不能說，人類就是由黑猩猩演化來的。然而對黑猩猩的研究卻可以增進我們對人類起源的瞭解。

現在說「我們搞懂了鳥類的起源」還為時太早，但對鳥類演化的瞭解，確實借助於小盜龍的翅膀完成了一個飛躍。演化不是直線而是樹狀的，在熱河生物群裡，我們看到的不是線上的一點，而是樹上的許多「分枝」——各式各樣毛茸茸的恐龍。藉此能窺探到鳥類演化的祕密，包括恐龍如何在後院中生存下去，這就是真實世界的時光機。

31

為什麼人類喜歡把動物擬人化？為什麼人類會有長跑的能力？為什麼火對人類的演化功不可沒？為什麼人類適合吃澱粉？

二〇一七年一月播出的動畫《動物朋友》走紅，可以說是一件怪事。這部小動物賣萌的動畫，3D作畫水準平平，漫畫和遊戲反應也平平，現在卻人氣爆棚，好評如潮。只能說世事難料。

動畫一開始，女主角「背包」就在動物面前顯示了人類的無能。當初我們的老祖先，像《動物朋友》的「背包」一樣行走在非洲大草原上的時候，動物朋友們大概也沒料到，智人會成為對環境影響最大、個體最多、分布最廣泛的大型哺乳類吧。

我們都是人類，每日所見最多的大型動物也是人類，很容易認為人類是最平平無奇的動物。實際上，正如另一位女主角，擬人化的動物藪貓（學名 *Leptailurus serval*）所說，不同的朋友擅長的事情都不同。人類有許多獨特的技能，只是我們司空見慣，察覺不到罷了。

運動廢柴？長跑天才？

很多人可能會認為，人類以頭腦稱霸地球，在身體能力方面，我們沒必要跟動物相比。藪貓第一次發覺人類的特殊，並不是因為她的智慧，而是由於身體的能力。

在正午的烈日下，藪貓必須到樹蔭下休息。在熱天長距離行動是危險的，因為大多數哺乳類排出多餘熱量的方法是喘氣。我們都見過狗在大熱天時發出「哈哧哈哧」的聲音。狗為了散熱所進行的喘氣，頻率比正常呼吸高很多，但對於增加攝氧量卻於事無補。因為散熱喘氣的空氣只經過咽，不經肺進行氣體交換。運動的肌肉需要比平時更多的氧，在跑動中同時進行高頻率的喘氣是不可能的，時間一長就會中暑。

人類可以避免這一風險，因為我們另有散熱途徑——出汗。人類的汗腺非常發達，在沙漠中負重行軍的人，四小時能排出三．五公斤的汗。這是一種高效的散熱方法，每毫升水蒸發時可以帶走五百八十卡的熱能。在動畫裡，河馬也提到，不出汗的動物容易中暑。另外，人類沒有毛（實際上，人類的毛髮數量並不少，只是非常細弱，所以看上去光禿禿），毛髮被打濕後貼在體表，會阻礙空氣對流，影響出汗的降溫效果。

除了散熱能力，人類還有一系列演化而來的特徵來幫助增加長距離移動，特別是長跑的能力。內耳裡有個前庭器官（Vestibular），專職感受人體的位置和移動。跑步的時候，腦袋一直晃，就像坐了一輛特別顛簸的車，前庭器官很容易不堪負載而「暈車」。從人的後腦枕骨部位延伸出的項韌帶（Nuchal Ligament），還有連接肩膀和脖子的斜方肌，把頭和手臂的動作聯繫起來，這樣，我們就可以透過擺臂和肩膀的晃動，在奔跑中保持頭部的平穩。

人類因適應奔跑所演化的另一個部位是腳。我們腳踝上的肌腱，特別是阿基里斯腱（Achilles），比其他的猿強壯，足弓（Plantar Arch）也很發達。人的腿腳就像彈簧一樣在每次邁步中儲存能量再釋放，大大節省了體力。

我們不像藪貓身手敏捷，也沒有河馬的牙齒和力氣，甚至短跑還會輸給河馬大姐頭。但是，人類在長跑方面的天賦，堪稱哺乳類第一。馬拉松的世界紀錄是兩小時多一點點（大約六公尺／秒），業餘愛好者在四小時內完賽（約三公尺／秒）也不是稀奇事。但一匹馬能用五·八公尺／秒的速度一天跑二十公里已經是極限了，超出這個程度，就會對骨骼肌造成不可恢復的損傷。人能跑過馬，一點也不誇張。

喜歡吃飯和燒飯的猿

動畫裡的食物只有「加帕里饅頭」，所有動物都吃它，這（似乎）並沒有出現什麼異常。白臉角鴞（學名 *Ptilopsis leucotis*）和雕鴞（學名 *Bubo bubo*）要求「背包」燒菜給牠們吃，「背包」能用製造饅頭的食材（馬鈴薯、大米等）做出咖哩飯，說明這種食物含有大量的澱粉。這其實是有點奇怪，米飯對我們而言是再普通不過的食物，但對於很多動物，卻可能是有害健康，甚至有毒的。能吃咖哩飯，要依賴人類的另一種能力：**我們比多數哺乳動物更擅長消化澱粉。人有好幾個唾液澱粉酶基因，黑猩猩只有兩個，這些增加的基因，會產生更多的酶，加速澱粉分解。**

人類食物中澱粉的比例遠高於一般靈長類。今天仍以採集和狩獵為生的部族，食譜裡包含大量塊根和地下莖（類似馬鈴薯），由此可以推想，我們的祖先也吃過這些富含澱粉的食物。以塊根為食有一個問題，植物絕不肯把儲藏營養的部分老老實實交出來給動物吃掉。這些部分通常很堅韌，而且可能含有毒素。這就需要人類獨有的處理食物手段——火。

哈佛大學的靈長類學家理查德．藍翰（Richard Wrangham）認為，在人類的演化過程中火的功勞不容小覷。高溫可以使植物細胞變得柔軟易碎，也使動物肌肉的蛋白質變性，不論是肉還是蔬菜，燒烤過之後，都變得更容易吃，也更有營養。

跟其他靈長類相比，人的咀嚼肌和牙齒軟弱，腸胃體積小。這一部分是燒烤食物的功勞，另一部分是因為我們是挑剔的食客。人類傾向選擇能量高、易消化的食物，除了塊根，肉食也是祖先食譜中重要的部分。我們是最喜歡獵殺大型動物的靈長類（不過，在動畫裡不太方便表現出來）。

這種「高質量」的食譜，為人類的智力演化做出了貢獻。神經系統對能量的需求很大，靜止不動時，大腦的能耗達到全身的二〇％至二五％。要有一個發達的大腦，必須有豐富的營養補充。貓頭鷹獸娘說，動腦筋需要消耗能量，所以她們想吃熟食。對人來說，這個要求是非常合理的，對於貓頭鷹卻十分古怪。因為牠們的日常飲食，就是吞下整隻耗子和昆蟲，把骨頭皮殼裹成團吐出來。

順便一提，人類學家德斯蒙德．莫里斯（Desmond Morris）記錄過一隻動物園裡的大象，一天之內被遊客餵的東西包括一千七百多顆花生、一千三百多塊糖和八百多塊餅乾。所以為動物的健康起見，逛動物園的時候，一定要控制住你們想投餵的洪荒之力。

會說話的大腦和獨特的猿

動畫裡所有動物都會說話，但主角背包還是表現出不同尋常的地方，只有她會使用符號。利用解讀文字的能力，她可以獲取各種訊息。

自一九六六年起，碧翠斯・加德納（Beatrice Gardner）和艾倫・加德納（Alan Gardner）夫婦花費多年，進行一場頗有童話風味的研究：教動物說話。他們的研究對象，一隻年輕的黑猩猩華秀（Washoe），據說學會了一百三十個詞，可以「說」四個詞的句子。

表面上看，教動物說話是大有可為的。因為許多動物都用啼叫、表情和身體語言等方式進行交流。蜜蜂用轉圈舞蹈指示花蜜的位置，離群的雁以啼叫招呼同伴，占氏土撥鼠（學名 *Cynomys gunnisoni*）和動畫裡出現的黑尾土撥鼠（學名 *C. ludovicianus*）是近親，牠會用不同的尖叫聲向同類報警，表示到來的捕食者是鷹還是郊狼。

但現實是殘酷的。心理學家們發現，加德納夫婦有意或無意地撒了一個彌天大謊。黑猩猩根本就不會說話。首先，科學家們高估了動物使用手語的能力。研究人員裡有一人是先天性失聰者，他顯然是最懂得手語的，他說，加德納夫婦總是嫌黑猩猩「說」的話不夠多，因此他們不得不記錄下這個可憐動物的每個動作，強行把這些動作全都解釋為手語。其實大多數時候他們根本沒看到黑猩猩「說」出一個字。

華秀確實學會了幾個手語的詞，但牠使用這些詞的順序，完全是雜亂無章的。比如，牠懂得「你」、「我」和「撓癢」的手語，要求人為牠撓癢，牠可能會說「你、我、撓癢」或者「我、撓癢、你」，這種表述毫無語法可言。語法之於語言，如同設計圖之於建築，按照語法規則組合起來，有限的詞彙才能表達無窮多的意思。

其次，黑猩猩根本不愛說話。黑猩猩只用手語來獲得自己想要的東西，讓人給牠撓癢或點心。牠不會主動跟人聊天，也不樂意表達自己的想法。我們都知道，小孩是怎樣愛吵愛嚷，有時為了一點小事而大呼小叫，有時唸著自己想像中角色的台詞。人類把說話當成一種樂趣，但黑猩猩只把它當成「敲門磚」。科學家在自己的幻想裡，把黑猩猩過度「擬人」了。

動畫裡唱歌難聽的「靈魂歌者」朱鷺曾向背包討教歌唱技巧，人類確實很擅長發出各種不同的音，只有少數鳥類能與之媲美（當然不包括朱鷺）。但人類語言能力的最大功臣，並不是喉嚨而是頭腦。人腦中對語言作用最大的兩個區域，布洛卡區（**Broca's area**）與韋尼克區（**Wernicke's area**），在類人猿身上是缺失的。前者主管語法和精細控制發音的能力，後者則是理解字義的關鍵。類人猿只有很小的韋尼克區，根本沒有布洛卡區。

通過觀察古猿類和古人類的頭蓋骨化石，我們可以推測腦各個部分的演化速率。在猿演化成人（確切地說，從多毛、沒語言的猿演化成少毛、有語言的猿）的過程中，這兩個部位以驚人的速度變大，比整個大腦皮層擴展的速度（已經相當迅速）還要快得多。

我們消化澱粉的能力，或長跑中讓腦袋保持穩定的能力，和動物的只是「量的不同」（黑猩猩也能吃米飯，只是消化起來略微困難而已），然而，語言能力是一個「質的不同」。它不是各種動物皆有，是一種在人身上卓越特出，而其他動物都沒有的能力。

加德納夫婦一廂情願地相信黑猩猩會說話，一個可能的原因在於達爾文演化論，人是由動物演化來的，人與動物息息相關，我們「似乎」不應該和動物朋友有太大的差別。宣稱人類是特別、獨一無二的，有違這種緊密的聯繫。

「獨一無二」並不違反自然。語言學家史蒂芬・平克（Steven Pinker）說過，各種動物都有獨一無二的地方，正如大象有獨特的鼻子，響尾蛇有獨特的感知紅外線能力，人類有獨特的語言。自然界最不缺的就是「獨一無二」。也許就是因為這種多樣性和獨特性，動物世界才如此吸引我們吧。

32

為什麼鴨子認不出自己孵的是天鵝蛋？為什麼醜小鴨醜醜的外觀卻是保命的要件？

鴨子真的會孵天鵝蛋嗎？

醜小鴨是意外流落到鴨巢之中的天鵝，安徒生用以比喻自己家庭貧窮，身分高貴。中國作家張賢亮在《綠化樹》裡，借一個農民之口，嘲笑過這個故事，天鵝蛋比野鴨蛋大好幾圈，鴨子又不蠢，怎麼認不出來呢？這就是以人類之心，度鳥類之腹了。

有些鳥判斷「自己的孩子」的標準，在人類看來是驚人的愚蠢。很多鳥都有一種行為：用腦袋把蛋撥進巢裡，攏到腹下進行孵化。如果給牠一個別的蛋，甚至一個皮球，牠也會照樣坐在上面孵。撿蛋這個行為，應該針對現實中的蛋，但是，引發牠的不是「蛋」這個整體，

而是蛋的一些特徵能被鳥類的感官所感知，比如圓形。動物行為學把這些特徵叫做關鍵刺激（Stimuli）。

本能好比電腦程式，不懂得靈活變通，其實人在這方面，有時也不比鴨子聰明多少。有不少人對畫裡的美女一見傾心，或是鍾情於只在螢幕中見過的明星，一張畫和一個人的差別，比蛋和皮球的差別還大，但這張畫提供的視覺刺激，足以讓人把它識別為「美女」。天鵝蛋比鴨蛋大那麼多，說不定倒幫助了醜小鴨。實驗顯示，個頭大、色彩誇張的假蛋，用來引發行為的效果，甚至比真蛋還好。蠣鷸（學名 *Haematopus ostralegus*）會坐在一個比自己身體更大的鴕鳥蛋上，牠覺得這比真的孩子還要可愛。因為大蛋的特徵，對動物的感官刺激比正常蛋更強烈，這叫做超常刺激（Supernormal Stimuli）。

也不是所有的鳥都那麼呆。動物識別欺騙的能力，和被欺騙的風險是相輔相成的。在自然界，不會有人在蠣鷸的窩裡放一個鴕鳥蛋，但有一些鳥會面臨比較大的被欺騙風險，所以牠們不能像蠣鷸那樣心大。自然選擇的壓力，在牠們身上塑造出比較強的識別能力。

鴕鳥是一夫多妻制，好幾隻雌鴕鳥（有時多到七隻）會在同一個窩裡產蛋。只有一隻雌鴕鳥會負起孵蛋和守衛的責任。一窩蛋的數目可以達到四十個，但雌鴕鳥至多能孵二十個。牠能認出自己的蛋，然後把別人的蛋推出巢外，讓牠們無法孵化。

鴕鳥蛋都是純白的，照我們看來完全是一模一樣，這種識別能力可以說很厲害。鴕鳥比蠣鷸聰明嗎？也許這只是說明，識別自己的蛋對蠣鷸來說無關緊要，對鴕鳥卻事關重大。

家鴨還是野鴨？

童話裡的鴨子比較聰明，鴨媽媽坐在天鵝蛋上孵了很久以後，一位德高望重的老鴨嬤出現了，指出這個怪蛋不是鴨蛋，可能是主人硬塞給牠的火雞蛋——安徒生幽默地說，鴨子會為火雞的家教感到頭疼，因為牠們不肯學游泳。

鴨蛋和火雞蛋的孵化時間都是三十天左右，天鵝大概是三十五天，鴨媽媽也是滿辛苦的。人類安排一種鳥做另一種鳥的養母，這並不罕見。經常有人讓雞代孵鴨蛋。但是反過來，讓鴨子代孵別人的蛋，這種事就不多見了。一千七百多年前的漢朝就有鴨不孵蛋的記載，有相當大的一部分家鴨，孵蛋行為已經消失，變成不負責任的母親。家鴨的祖先綠頭鴨（學名*Anas platyrhynchos*）如果不孵蛋，就會斷子絕嗣。但家鴨不用擔心，牠們可以找母雞代孵，讓她把不孵蛋的基因傳遞下去。

童話原文裡，醜小鴨出身的家庭顯然是家鴨，在《綠化樹》裡，農民和男主角辯論時說的卻是野鴨。我們可以猜想，在爭論「鴨子會不會孵天鵝蛋」之前，他們可能早就爭論過「鴨子能不能孵蛋」，男主角用「孵蛋的是野鴨子」為自己開脫。

其實，「很大一部分」家鴨失去孵蛋的本能，並不代表所有鴨子都「墮落」了。還是有些家鴨保存了孵蛋的能力。奧地利動物學家康拉德・勞倫茲為了研究雛鳥的行為，曾讓北京鴨孵野鴨的蛋，鵝和火雞孵灰雁（學名 *Anser anser*）的蛋，都成功了。孵蛋的本能寫在鴨子的基因裡，不會因為「不用」而立刻消失。

也許讓鵝擔當醜小鴨的養母會更合適。歐洲家鵝的始祖是灰雁，中國家鵝則是鴻雁（學名 *Anser cygnoides*）馴化而來。在《醜小鴨》故事裡，醜小鴨就曾跟兩隻雁處得不錯。牠們還勸醜小鴨一起飛走，去沼澤地認識幾隻雌雁。

在愛情觀上，醜小鴨跟雁也更有共同語言。天鵝和大雁都是一夫一妻，父母共同撫養孩子，而綠頭鴨是一夫多妻，雌鴨獨力照顧小鴨，雄鴨都是遊手好閒的花花公子。醜小鴨的養母就曾經抱怨過鴨爸爸是個壞東西：「我在這辛辛苦苦地孵蛋，牠從來沒有來看過我一次！」

號手在召喚

我們在養鴨場裡蹓躂了半天，終於要討論天鵝的問題：醜小鴨到底是哪一種天鵝？

從《醜小鴨》中詳細的景物描寫來看，這個故事發生在安徒生很熟悉的地方。所以我們可以假設它發生在丹麥，丹麥有三種天鵝繁衍後代：疣鼻天鵝（學名 *Cygnus olor*），大天鵝（學名 *C. cygnus*）和小天鵝（學名 *C. columbianus*）。個人比較傾向於疣鼻天鵝，因為牠是丹麥的國鳥。

疣鼻天鵝全身雪白，紅色的嘴上有一個黑瘤。翼展超過兩公尺，體重可達十公斤，是最大的飛鳥之一。其實醜小鴨剛出殼時並不醜，疣鼻天鵝的雛鳥，有像醜小鴨一樣灰色的，也有純白的，圓滾滾毛茸茸，相當可愛。雛鳥一般都長得很快，因為牠們現在很嬌嫩，全無防備敵人的能力，要趕緊發育到會飛。長到四個半月，疣鼻天鵝就能飛了。

離開養鴨場的時候，醜小鴨已經長得很大，蛻去茸毛，換上了羽毛。未成年的天鵝羽毛是灰撲撲的，鳥類學家把這樣半大不小的少年鳥叫做「亞成鳥」。別人把灰色的醜小鴨當成一隻長相古怪的鴨子，但牠的內心已經有天鵝的本能衝動。

疣鼻天鵝又叫啞天鵝，其實牠並不啞，飛翔時會發出響亮的哨聲，跟同伴保持聯繫。另外，天鵝在起飛之前也會鳴叫，召喚夥伴同行，《醜小鴨》原文中對天鵝飛翔、鳴叫的情景，描寫得非常動人，寫到醜小鴨因為天鵝的出現而感到激動，想要展翅高飛，這是非常符合科學的。

天鵝身體重，在起飛之前，要在水面上直線奔跑一段距離，好像氣墊船。動物園裡的天鵝，到了候鳥遷飛的季節，即使翅膀上的羽毛被剪掉，也會勉力在水面上飛奔，企圖升上天空。醜小鴨雖然沒剪翅膀，但也遇到類似的問題：湖面結了冰，只剩一個冰窟窿可以游泳，水面太小，根本無法起飛。牠只好在水裡打圈圈，感到黯然神傷。

說到這裡，可以提一下另一部描寫天鵝的兒童文學名著，艾爾文．布魯克斯．懷特（Elwyn Brooks White）的《天鵝的喇叭》（*The Trumpet of the Swan*）。我們可以很容易判斷，這個故事裡的天鵝是黑嘴天鵝（學名 *Cygnus buccinator*），因為故事的背景是美國，北美只有這一種天鵝。黑嘴天鵝的鳴叫像號聲一樣洪亮，因而得到號手天鵝（Trumpeter swan）的別名。《天鵝的喇叭》裡的主角是啞巴，於是牠學會吹真的小號，模仿天鵝的聲音來跟同伴溝通。

在《醜小鴨》故事的結尾，醜小鴨度過嚴冬，換上了雪白的羽毛，變成受人喜愛的天鵝。其實疣鼻天鵝在兩歲時才真正算是成年，變成美麗的白色。根據故事裡的時間，醜小鴨未滿一歲，應該是髒兮兮的灰色才對。《天鵝的喇叭》對天鵝顏色的變化描寫要準確得多。

在人類看來醜小鴨的外觀不雅，對天鵝而言卻是保命的必需品。**天鵝其實相當凶猛，而且有一件強勁的武器：翅膀。**勞倫茲講過，柏林動物園一隻疣鼻天鵝翅膀的一擊，曾把飼養員的手臂打成骨折。**如果看到陌生的成年（白色）天鵝出現在附近，很可能會引發成年天鵝的攻擊性，灰色的亞成年天鵝不顯眼，可以免遭痛打。**

冬去春來，醜小鴨再一次見到天鵝的時候。第一個想法是讓這些高貴的飛鳥來結束自己的生命，以免再受欺辱之苦。直到小孩子道出牠已經不是醜鴨子，而是「最年輕、最美麗的天鵝」。在現實世界裡，如果醜小鴨真是純白色，我們不得不為牠的小命擔憂。

我們有望成為天鵝嗎？

醜小鴨的故事已經結束，但很多人的問題還沒有結束。安徒生自比「天鵝」，是不是太自大了？醜小鴨天生是天鵝，比鴨子高貴，安徒生是不是信奉「血統論」，不夠「正能量」？

安徒生這個人本來就有浮躁、愛虛榮的性格缺點，他寫這篇故事有拉高自己的動機也毫不奇怪。如果要因此得出結論說童話都是「負能量」，那就是無稽之談了。

童話裡也有「反血統論」的作品。比如賀宜的《雞窩裡飛出金鳳凰》，講一隻普通的小雞，經過努力修練和烈火燒煉成為鳳凰。但鳳凰超出眾鳥，並不是因為血統高貴，而是因為牠對弱小善良的生物投以無私的關愛。

我不敢跟你許諾小雞能成為鳳凰，也不喜歡散播「血統即一切」的「負能量」。世界是複雜的，想用「正能量」和「負能量」來概括都是太過簡單的想法。我寧願給你介紹，我更喜歡的一篇童話：孫幼軍的《冰小鴨的春天》。孫幼軍在童話創作方面的成就也許不如安徒生，但是他身處當代，所寫的東西能給現代人更多的共鳴感：

冰小鴨在眾多巧奪天工的冰雕裡，是非常平凡的一座，它期盼能看到春天，但所有冰雕在春天都會融化。最後，在石頭天鵝（這個形象，顯然受到安徒生的天鵝所影響）的幫助下，它從北國來到南方，融化在美麗的春溪中，感到非常快樂。

我們每個人都不是完美的，大多更是卑微的，沒有成為天鵝或鳳凰的際遇，而且死亡總是會到來，但春天確實存在，天鵝也確實存在。

33

為什麼會有動物小說這類文體？為什麼以擬人動物或真實動物為主的小說會有科學定義上的爭議？為什麼兒童文學中出現的動物是否真實會影響知識的傳播？

動物行為學的泰斗人物康拉德．勞倫茲曾抱怨，他無法容忍文學作品中漏洞百出的動物描寫。對於動物小說，許多人的印象會限於《狼圖騰》、《斑羚飛渡》等臆測很多、濫情傷感的作品，從而認為「文學家寫動物」是一個不可能完成的任務，「動物小說」是一個可鄙的文體。然而如同那些傷感作品對於動物的認識，許多人對小說的認識也受到嚴重的局限。

最原始的動物寫作

蘇格蘭作家兼人類學家安德魯．朗格（Andrew Lang）早已指出，**原始社會的人所信仰**

的是萬物有靈論，「萬物同等」，都具有人格。原始部落關於動物的傳說，可謂是最原始的對動物的文學描寫。你可以注意到，在他們的故事裡，多是高度擬人化，動物、植物乃至器具都像人一樣說話、勞作。

原始傳說的另一個特徵和擬人同樣引人注目，就是對抽象概念的實體化。義大利哲學家喬瓦尼·巴蒂斯塔·維柯（Giovanni Battista Vico）提出，早期的文明不能表現抽象思維，他們無法表現「勇猛」的概念，就創造出具體英雄的形象如阿基里斯來代表勇猛，稱為「想像性的類概念」。表現這種實體的可以是人，也可以是動物、鬼怪等，例如作為「狡詐多智」的象徵，印第安人的傳說裡有狡猾的郊狼，歐洲和中國很多傳說裡都有狡猾的狐。由此我們可以得到，**「原始」描寫動物的另一個特點：動物身上被寄託了概念，成為概念的載體。**

隨著時間推移，文明逐漸發展，原始傳說從全民接受的文化，變成和「文人的文學」相向而踞的「民間文學」，流傳在一般人民和兒童中。在知識分子階層，也有些人模仿民間文學，創作兒童文學和寓言故事，這些作品往往繼承了動物擬人化和象徵性的特點。「動物擬人化，像人一樣說話、做事，而且說明道理」，或者說「貓狗講話」，幾乎成為一般人心目中「童話」的標誌。

應該提一句：**兒童文學不一定出現擬人動物的形象，出現擬人動物的也未必是童話。**收集並再創作民間故事的《格林童話》裡，比較有名的擬人動物，只有《小紅帽》裡的狼。早期的原創童話作者安徒生也絕不是篇篇有動物。出現動物形象的寓言，經常被當做童話交到兒童的手中，如狐假虎威、烏鴉和狐狸的故事（這些老寓言仍帶有民間傳說的痕跡），然而它們本質上還是成人的文學。

幻想的權利

在我繼續講動物之前，我們不得不先討論兒童文學的另一個重要特徵：想像。童話裡充斥著奇怪、非現實的東西，這同樣來自於原始社會對鬼神和巫術的信仰。民間故事的英文名稱是 Fairy Tale（仙子的故事）。然而在很長一段時間裡，給兒童閱讀的文學提起民間故事，都是貶斥的態度，甚至要對幻想趕盡殺絕。這對習慣了魔戒和哈利波特的現代人來說是難以置信的。

法國學者保羅．亞哲爾（Paul Hazard），在他的《書，兒童與成人》（法文 *Les Livres, Les Enfants et Les Hommes*，英文 *Books, Children and Men*；寫於一九三二年）裡告訴我們，早期兒童文學的重要特點並不是「想像」而是「教訓」。給兒童看的書，必須以傳達道德和知識為第一要務，荒誕的幻想被看做是知識和理性的敵人，是不該存在。

但是兒童對奇怪和有趣東西的興趣，能如何得到滿足呢？亞哲爾說，有些書會給小讀者們講一些以「科學」為名的獵奇恐怖故事，並告訴他們，這些就是真實。比如天上落下如雨的鮮血含有能瞬間殺死公牛的劇毒。

好笑的是，在今天，這種貼著「科學」標籤的獵奇文學仍然不在少數。

「幻想」在西方的兒童文學裡「打下一片江山」，要歸功於英國的浪漫派詩人。十八世紀後半葉，浪漫主義詩人如威廉・布雷克（William Blake）譴責工業主義、物質主義過度發展，他們選擇了「天真」與「想像」作為武器，向唯理性、唯利是圖的社會觀念開戰。他們讚美兒童的天真，欣賞民間故事的怪奇幻想。借他們之力，兒童文學終於產生了根本的轉變——從「貶抑幻想」到「張揚幻想」。

科學與現代的文體

「動物小說是最具有現代意識的文體之一。」中國兒童文學研究學者朱自強在《兒童文學論》裡這樣寫道。對動物的描寫古而有之，有什麼稱得上「現代」的呢？朱自強對此的解釋是，如果我們一直「將人類視為萬物的中心」，兒童文學也就不會誕生。現代社會的一大特徵，是現代工業和科學技術的高度發展產生了負面影響，環境破壞成為人類生存的巨大威脅。

不僅科學界為此擔憂，人文學界（哲學家和文學家）也改換角度開始審視人在自然中的位置。人不是自然的主人，而是自然的一部分。

認識到環境問題的學者和文人，採取了一種全新的角度審視動物（以及植物和自然的其他部分），把自己的興趣投注到自然生物本身，以審美的角度去觀察，甚至歌頌生物，而不是虛構出說人話的狐狸、老虎。狐狸、老虎到此不再是表達人間事理的工具，而是寫作目的本身。由此產生了生態文學這一文體。

這方面的代表作者，有科學家兼散文家瑞秋．卡森（Rachel Carson），她在描寫海洋生物的散文中，堅持從整個環境的角度描寫自然，人、動物、植物都是這個自然整體的一部分。卡森高興地說，她在自己的想像世界裡，變成鰻魚和海鳥。人類不滿足於創造寓言故事裡「披著動物皮的人」，要把這個關係顛倒過來，自己變成「披著人皮的動物」。

朱自強所謂的動物文學，誕生的時間比生態文學略早，最早的作品，可能是加拿大人湯普森．西頓（Thompson Seton）的《西頓動物記》（*Wild Animals I Have Known*；出版於一八九八年）。但在性質上兩者高度重合，例如從審美的角度觀看動物和自然，以寫「動物本身」而非「擬人動物」作為目的，以及和科學的不解之緣。

一方面，觀看動物的全新角度，產生自「人是自然的一部分（而非可以隨意利用自然，不怕產生負面結果的『神』）」這種觀點。這種觀點的根源，是科學技術產生了巨大改造自然的能力，導致環境破壞嚴重，影響人類生活甚至存續。這是一個極其現代化的問題。

另一方面，在寫作的過程中，雖然科學家目的在求「真」，小說家在審「美」，但觀察和瞭解「真正的」動物這個過程卻具有高度相似性。動物文學與其他「描寫動物的文學」，主要區別就在於對「真實動物」的特別關注。一些科學家描寫動物和自然的科普作品，如康拉德·勞倫茲的《和動物說話的男人》（奧地利文 *So Kam Der Mensch Auf Den Hund*，英文 *Man Meets Dog*），也可以視為優秀的生態文學或動物文學。

同時，**純粹的文學家在創作動物文學的時候，會採取科學觀察的角度，雖然它未必是正確的**。值得注意的是，即使是作為動物小說泰斗的西頓，也受到過於傷感主義和虛構故事的指責。但是他們審視動物的方式常能見到現代科學的知識蘊含其中。

動物小說的「科學視角」

西頓的《春田狐》裡，雌狐為了營救孩子，牠挖坑把拴住小狐的鐵鏈埋起來，西頓記敘牠的行為，並不加以解釋，但暗示雌狐想藉此讓鐵鏈「消失」。這種猜想體現出當時認識水平的局限。但值得注意的是，西頓塑造的雌狐不像泛神論神話中的狐具有人類智力，而是具有「跟人類相似，但水平不及」的智力。這體現出達爾文演化論的影響。既然動物和人是同宗，觀察者也想在獸類身上，尋找人類理性的種子。

尤為有趣的是，雌狐的行為很像人類嬰兒。嬰兒不具有「客體恆常性」，當玩具被藏在媽媽背後，他們就認為玩具真的消失了，如同雌狐以為藏起來的鐵鏈消失了。

再來看更晚一些的作品。中國作家格日勒其木格．黑鶴的《狐狗》中，出現一隻特殊的狗「阿牙」，牠的母親具有獒犬特徵，是強壯而笨重的草地牧羊犬。然而牠纖細且靈敏，熱愛挖洞和捕鼠。牧羊人說牠是紅狐和狗的後代。敘事者感到難以相信，「從來沒有聽說過」。

黑鶴對「阿牙」騰空跳起，用前肢下壓捕捉獵物的動作描寫，很容易讓人想起勞倫茲在《和動物說話的男人》中，對他的狗「蘇西」跳躍捕鼠的記錄。勞倫茲對這個動作的描寫十分詳細，還配有自繪插圖，很容易認出來，這是多種犬科動物（包括狗和紅狐）捕食小動物的常見動作。可以說，這個動作完全是「動物性」的，毫無「擬人」成分，它完全可以發生在真實世界的動物身上。

狐狸跳起來抓老鼠

雖然是出自不同的目的，但黑鶴對阿牙行為的觀察和記錄，與科學家確實有相似之處（同時也體現出作者的一些科學知識基礎），它們都指向動物本身，而不是將動物做擬人的想像。

素食貓：中國兒童文學對幻想的貶抑

中國作家孫幼軍的著名童話《小貝流浪記》，寫到一隻兔子請小貓吃飯，端上來的是素菜——果子和草根，故事在這裡分裂成兩個版本，第一個是小貓因為過於飢餓，吃下了草根，第二個是小貓無論如何不能下嚥，直到小兔端上魚蝦為止。

孫幼軍曾多次談及，自己對童話創作理論太過拘泥於「真實」的不滿。孫先生大概被迫修改過自己的作品，好讓它更接近「真實」。

兒童文學作家賀宜，在一篇理論文章中提出，兔子不能吃魚，因為這是違反現實的。孫幼軍對此不敢苟同，他的解釋是，童話是在模仿（知識有限的）兒童的思維方式，因此會出現奇怪的幻想，如果幼兒園的小朋友吃下紅燒黃魚，那他們就要編一個兔子吃紅燒魚的故事出來。這不是你高喊「科學」、「真實」就能夠阻止的。

孫幼軍的觀點，與浪漫主義詩人讚頌的「兒童的想像力」，其實是類似的。但卻遭到完全不同的待遇。中國兒童文學非常注重教育性，有時甚至成為宣傳「知識」和「道理」的工具，朱自強和孫幼軍（以及很多人）都抱怨過這種思維方式給兒童文學中的幻想戴上「鐐銬」。中國與歐洲的兒童文學最大的不同之一，就是深植於文化根柢、對幻想的態度。

一方面，中國的傳統儒家文化重現實，輕神祕主義，非常關注教育兒童，讓兒童讀書仕進，鄙視「小孩的胡思亂想」。另一方面，中國現代文學裡，占據最重要地位的，是關注社會，揭露現實的「現實主義文學」。雖然從古代到現代，文學多次脫胎換骨，發生徹底的改變，重實際，輕幻想這一點，卻是不變的。

斑羚飛渡：一種不得已為之的「真實」

以沈石溪《斑羚飛渡》為代表，很多中國作者寫作的「動物小說」，都身處一個尷尬的位置：作者標榜寫作內容的「真實」，作品也經常出現動物學知識，他們仍然試圖維持動物小說與科學「並行」的特點。然而這種關係已經搖搖欲墜。作者在書房裡寫作，缺乏對動物的感性瞭解（在土地高度開發的中國，這是一種無可奈何的事實），再加以知識有限，因此產生許多明顯的常識上的漏洞，在此不多贅述。

朱自強對此的解讀是，沈石溪的小說重點是「對人類生活和心靈世界的關心」。他喜歡將動物擬人化，寄託動物表現抽象觀念。這一點與經典動物小說大相逕庭，倒像是原始文學裡「擬人化動物」寫法的回歸。比如，在他的《紅飄帶獅王》裡，雌獅為了擺脫雄獅「大家長」的統治，與一隻雄獅組建小家庭，在大家族邊緣勉強求生，最後以雌獅出走結束。這個故事令我想起的，不是描寫動物的文學或科學作品，而是蘇青的《結婚十年》。

在中國兒童文學的世界裡，幻想受到貶抑，然而兒童仍然要求要「聽故事」，動物小說因為背景的陌生和情節的曲折，容易受到兒童的歡迎。它與科學的密切關係，又賦予它「教育」的功能（傳達動物學知識），真是再理想不過了！甚至於，因為中國兒童文學對「幻想」反感，動物小說作家聲稱自己所寫全是「真實」，會得到更高的評價。

於是我們看到亞哲爾在《書，兒童與成人》裡，所提到的「血雨」和「毒藥」的故事復活了。只要貼上「科學」的標籤，怪誕的獵奇故事，就可以獲得存在的權利。推崇教育的兒童文學理念，期望給兒童知識和理性，一味地貶抑幻想，結果卻產生了戴著「真實」和「科學」假面的臆造故事。

在人的思維中，理性和感性宛若鳥之兩翼，偏廢一邊，結果不是另一邊更加發達，就是兩方皆毀。作者本人有多少責任，文化的大環境又有多少責任呢？

34

為什麼動物文學有歸類上的爭論，它到底是自然科學還是文學？為什麼動物小說一定要有真實性？

動物小說在網路上常引起討論，背後有很多方面的問題。常有人反應，一些流行的動物小說作家，如沈石溪，寫得「不像動物」。然而文學不是科學，「動物小說」必須得符合生物學嗎？小說虛構的界限又在哪裡？

何為「動物文學」？

中國海洋大學的教授朱自強在《兒童文學概論》中提出，文學作品對動物的描寫可分為三種。第一種，動物是擬人化的，如《列那狐》。第二種，動物具有人的心智，但行為、表現仍是動物的，如《黑駿馬》。第三種，動物是本真、寫實的，如加拿大作家湯普森．西頓的《西頓動物記》。

朱自強認為，第三類描寫動物的文學，才可以稱之為「動物文學」，並堅決地表明，「真實性」在「動物文學」中具有關鍵作用，它影響到動物文學的界定。**動物文學與科普文學有重疊的地方，因為它們都關注於「動物生命的真實狀態」**。

小說是否「真實」看似是無意義的問題。真實並不是文學必要的條件。然而文學不同的門類、流派，對「真實性」的要求各有差異。朱自強對於他所謂的「動物文學」，提出要「真實」乃至要「科學」的要求，是有其深層原因的。

小說也要講科學嗎？

西頓的小說《春田狐》中，雌狐企圖營救被鐵鏈拴住的孩子，於是把鏈條埋起來，牠認為這樣鐵鏈就不存在。事件的真假姑且不論，西頓讓他筆下的動物角色這樣行事，使人想起發展心理學中的「客體恆常性」概念。人類的嬰兒不具備客體恆常性，認為看不見的東西就不存在，如果把玩具藏在背後，他（她）就以為玩具消失了。

這裡值得注意的有兩點：

首先，西頓引用自然科學來安排筆下角色的行為，並提供解釋。動物文學與自然科學，尤其是動物學可以有聯繫，甚至相當緊密。

其次，雌狐的行為與人有相似處，但牠不是擬人化的列那狐。牠不具有人的智力，牠的智力類似人，卻比人差一等（雌狐和嬰孩都不具有客體恆常性）。這很容易讓我們想起演化論。達爾文證實動物和人乃是親戚，並非寓言、童話的擬人，而是客觀存在的血緣關係。

動物小說一直保持著與自然科學（也是與客觀現實）的這種關聯。在當代中國作家黑鶴的《狐狗》中，對於狗行為的描寫，同樣蘊藏著「科學味」。他寫出野狗「阿牙」的「據地作勢」姿勢，並在注解裡更詳細地加以解釋。

「據地作勢」是獵犬的本能行為，經過人工選擇強化，可以指示獵物的位置。它是與生俱來的，達爾文在《物種起源》裡，把據地作勢作為例子，來證明動物行為可以通過演化而改變。

甚至《狐狗》整篇故事的氣氛、角色安排，都使人想起奧地利動物學家康拉德·勞倫茲兼具科學和藝術的散文集《和動物說話的男人》。這也許是因為，作者在觀看動物時既有藝術的眼光，也摻入了自然科學知識，並（有時是潛意識地）揣摩背後運轉的科學原理。

動物小說之爭

由於「動物文學」這一文學門類，具有和科學親近的特殊性，採用自然科學的視角批評動物文學，不僅「古而有之」，而且影響相當大。

一九〇三年，美國的博物學家和描寫自然的散文家，約翰．巴勒斯（John Burroughs），向《大西洋月刊》（*Atlantic Monthly*）投寄了一篇名為「真實與偽造的自然史」（Real and Sham Natural History）的文章，批評一些描寫動物的作者（包括湯普森．西頓），聲稱自己的作品是根據親身經歷寫成，卻存在編造虛假的內容。由此動物文學的「真實性」引發了熱議。

老羅斯福總統（他是一個狩獵迷和自然愛好者）在一九〇七年接受《人人雜誌》（*Everybody's Magazine*）的採訪，對這場討論公開發表意見。羅斯福批評一些動物文學的作者，如傑克．倫敦（Jack London），認為他們的作品裡，存在許多虛造的內容，會誤導沒有自然知識的善良之人，對孩子更是有害。

這場辯論帶來了很多謎題。傑克．倫敦和西頓的小說仍免不了被詬病。動物文學是否無法保證科學上的「真實性」？或者，構造「真實」比我們想像中更難，即使作者努力追求，也無法避免筆下的世界成為空中樓閣？

在中國，西頓是普遍被承認的動物小說作家（朱自強也對他讚賞有加），並經常拿來跟沈石溪對比，我們是不是在戳破了沈石溪的氣球之後，又在建立西頓的神話呢？

困難的「真實性」與危險的「虛假性」

中國溫州大學的吳其南教授認為，沈石溪描寫的世界具有虛構性。他的小說按照朱自強的分類法應該屬於第二類。也就是說，沈石溪的動物具有擬人化的內心，彷彿人類被困在獸類的軀殼裡。

沈石溪承認他的小說存在不符事實的內容。但他堅稱，動物小說與自然科學、以及「真實性」都具有親密的關係，並認為「真實性」是動物文學應當追求的。他其實更傾向把自己的小說定位為第三類。

對一個作家而言，更重要、影響更大的，可能不是當眾的表態，而是作品中潛移默化的暗示。沈石溪對自我的定位，還有他對「真實感」的營造，與他小說中顯然存在的知識漏洞，形成鮮明的矛盾。

假作真時真亦假，對於難以識別「真實世界」與「文學世界」的兒童，閱讀沈石溪的小說，很容易造成誤導。雖然碎片化、錯誤的動物學知識，對兒童的生活影響甚微，但這種誤導可能會造成深遠的影響。

朱自強稱動物文學是幫助人類瞭解「化中人位」（人在自然界的位置）的文學。描寫自然的文學作品，在現代社會擔任著特殊的作用：向讀者（尤其是兒童）傳播保護自然生態的觀念，保護自然不僅是一個科學問題，也是一個社會道德問題。沈石溪小說在涉及人與自然關係的時候，其中的謬誤就不再是單純的科學問題，而是跨入社會道德的領域。

例如他的《板子猴》主角是一隻滇金絲猴（學名 *Rhinopithecus bieti*），因為醜陋被馬戲團廉價買來（這裡出現真實地名：圓通山動物園），牠在訓練中遭到痛打。敘事者雖對牠表示同情，但也認為「猴子演員」是馬戲團必不可少的，並描寫了滇金絲猴表演成功後，孩子們被牠「精湛的技藝和頑強的作風所感動」，歡欣鼓舞的場景。

在這些小說裡，對人和稀有野生動物關係的描述，顯然存在知識性的錯誤。而這些錯誤的知識，很可能導向一種錯誤的人與自然的關係。這對兒童會是怎樣的影響呢？我們應當擔憂。

35

為什麼中國古代有犀牛現在卻沒有、牠真的是犀牛嗎？為什麼古人對犀牛的畫像千奇百怪、難道是藝術水準的關係？

商周：白兕與青牛

一九二九年，在河南安陽的殷墟出土了一個巨大的獸頭骨，上面刻有甲骨文字。這是商代王公的狩獵成果，當時人認為這是一隻難得的珍稀獵物，所以刻字留念。根據刻字，我們可以判斷，這是一頭「白兕」（兕音「四」）。動物有時會由於基因缺陷，缺乏色素，全身毛色雪白。這種情況非常稀少，所以這種動物被視為珍品。然而兕又是什麼呢？

中國歷史地理學家文煥然對古代的動物和植物很感興趣，他利用這些生物的分布，來推斷古代的氣候冷暖狀況。他以古書為證據，認為這個「兕」就是犀牛。**犀牛是熱帶動物，現**

今中國並沒有犀牛，然而古代有，說明當時的天氣比現在溫暖。

北宋的中藥書《嘉祐補註本草》中，兕和犀牛被解釋成同一種動物，雄的叫「犀」，雌的叫「兕」。另一個例子是南宋羅願的《爾雅翼》，這本書是對古代字典《爾雅》中詞彙的解釋。羅願認為，古人叫「兕」，今人（對他而言的「今人」也就是宋朝人）叫「犀」，是一物二名。另外一位給《爾雅》做過注解的古人，東晉的郭璞寫道：「兕一角，色青，重千斤。」看來，這個形象確實很像犀牛。

戰國犀尊

雖然古時的中國有犀牛，但考古發現的犀牛骨頭相當少，但古書和甲骨文中對「兕」的記載卻相當多。法國人德日進（原名 Pierre Teilhard de Chardin）和中國地質學家楊鐘健在對殷墟的考察中只發現少量的犀牛腳掌骨頭（其他動物的骨頭很多）。犀牛是體格龐大的獨居動物，數量本就不多，找到的骨頭很少也是合乎情理的。甲骨文中記載，商代的王公把森林點燃（為了把野獸趕出來）進行狩獵，得到兕七十一頭。哪裡的森林也不會窩藏如此之多的野生犀牛。這樣看來，「指兕為犀」是可疑的。

另外一個疑點是甲骨文中可以見到「射兕」的記載。古書如《詩經》和《楚辭》裡，也常常提到用箭射殺兕。犀牛渾身硬甲般的厚皮，體重一至二噸，發怒時破壞力極其可怕，古人怎麼能用粗糙的武器跟牠搏鬥，還用箭射殺許多犀牛呢？

研究甲骨文的法國人雷煥章（原名 Jean Almire Robert Lefeuvre），請法國國家自然歷史博物館的**動物專家檢查寫著「白兕」的頭骨，得出結論：這個頭骨是水牛的。在殷墟，發現過數以千計的水牛骸骨，它們來自一種已經滅絕的野水牛，中文稱為聖水牛，學名** ***Bubalus mephistopheles***。這個學名取自歌德的長詩《浮士德》裡一個魔鬼的名字（叫牛魔王也許更合適？）。雷煥章由此得出結論，**兕是野水牛，不是犀牛**。

雖然野水牛也是強大有力的野獸，用箭射殺牠還是要比射殺犀牛容易得多。而且野水牛群居，能夠一次獵捕到許多。

那麼，郭璞說兕只有「一角」，又是怎麼回事呢？水牛不是該有雙角嗎？雷煥章說，商代和晉朝之間，很長一段時間裡的古書，只有《山海經》提到兕是「一角」。山海經裡有許多怪獸和神怪的記載，拿來研究動物學並不可靠。所以郭璞說兕是「一角」，很可能一開始就盲從了錯誤的觀點。

最著名的兕形象，出現在《西遊記》裡。獨角兕大王憑著法寶「金剛琢」，搶走金箍棒和哪吒等一干天神的兵器，在妖怪裡出了一番鋒頭。它的外貌是這樣的：

獨角參差，雙眸晃亮。
頂上粗皮突，耳根黑肉光。
舌長時攪鼻，口闊板牙黃。
毛皮青似靛，筋攣硬如鋼。
比犀難照水，象牯不耕荒。
全無喘月犁雲用，倒有欺天振地強。

這裡明確說到兕不是犀，也不是牯（黃牛）。兕大王是太上老君的寵物，太上老君的原型老子，坐騎為「青牛」，也就是水牛。犀牛雖是獨角，卻性格凶猛，無法馴化為坐騎。皮膚黑粗和長舌的特徵，也很像水牛。「金剛琢」其實就是牛鼻環。兕大王雖然厲害，卻是一頭馴化的家畜。

北宋：犀牛畫作之誤

犀牛角的成分是角蛋白，與人指甲相似並沒有特殊的藥效。但因為犀牛稀有又怪異，自古以來，犀角都被看作珍稀的藥材。直到今天，野生犀牛被獵殺到瀕於滅絕，非法的藥材需求都是一個重要的原因。

關於中藥的中國古書裡，經常可見「犀牛」的圖畫。但好笑的是，這些「犀牛」有的渾身長毛、四腿細長，有像鹿的長脖子，有的很像豬，有的酷似小牛。犀牛角一般都畫在腦瓜頂上。今天連三歲小孩都不會認為這些畫的是犀牛。不僅藥書上的犀牛畫得失敗，各種出現犀牛的工藝品，比如宋代的鐵犀牛雕塑（據說有防止水災的作用），和清代官員服飾上的犀牛圖案，也都是怪模怪樣的。

是古人的藝術創作水平太低嗎？並不是。在陝西出土的戰國青銅器「錯金銀雲紋青銅犀尊」，是一件犀牛形狀的盛酒器。這只犀牛就做得很像，造型精美，尊為國寶。另外，唐高祖李淵的陵墓上，也有很不錯的石雕犀牛。有趣的是，**在比較早的時代，中國人塑造的犀牛形象還相當逼真，北宋以後，幾乎都變成了牛不牛犀不犀的怪物。**

「怪犀牛」的出現，最直接的原因，就是中國人無法看到本土的野生犀牛，當然畫不出犀牛的模樣。先秦時期，犀牛在中國的分布範圍很廣；到了宋代，犀牛已經「退縮」到中國西南一些偏僻的地區；在清代，雲南還有少量的犀牛殘存，最終在全中國境內滅絕。犀牛在中國不斷減少，一方面是因為文煥然所提到的氣候變冷，另一方面是人類的影響：開荒種地毀掉了森林，犀牛無處生活，為了獲得價值昂貴的犀角（藥和工藝品）、犀皮（鎧甲），犀牛被大量捕殺。

雖然中國本土已經少見犀牛，古人仍有見到犀牛的機會：例如使臣「出國交流」，或者外國作為珍稀動物進貢。馬歡是明代官員，曾與鄭和下西洋，寫成《瀛涯勝覽》，記錄他在外國所見的許多人事和異物，包括野生的活犀牛。馬歡寫道，犀牛大者有七八百斤，無毛，厚皮上的紋路像癩皮，鼻梁之中有一角。甚至還寫到牠吃什麼，怎麼排便，活靈活現，這在當時是很難得的。

宋以後的朝代，大多數人已經忘記真實犀牛的樣子，有時難免會造成笑話。北宋沈括的《夢溪筆談》記載了交趾（今越南北部）進獻的奇異動物，如牛而大，全身都是大鱗，有一角，這顯然就是犀牛。獨角的亞洲犀牛有印度犀（學名 *Rhinoceros unicornis*）和爪哇犀（學名 *R. sondaicus*），這兩種犀牛皮膚上都有許多凸起的小包，好像盔甲上釘著鐵釘，被誤認為「鱗」，也不是毫無道理。

當時大多數中國人見過的「犀牛」，只是作為藥材和工藝品的犀牛角（也是稀罕的舶來品），大家面對這奇怪的動物十分困惑。有人以為這是麒麟，有人以為是神獸「辟邪」。也有明白人指出這就是犀，但沈括立即否定：犀牛怎麼會有鱗呢？

明清：各種怪獸齊聚一堂

嘲笑完中國古人的科學水平，也該批評一下西方人的糊塗。古羅馬學者老普林尼的三十七卷巨著《自然史》中說，獨角獸（unicorn）長著一隻很長的黑色角，腿腳如象，尾巴如豬。古希臘的歷史學家聖依西多祿（Isidore）說，獨角獸是可怕的猛獸，能與象鬥。這和今天我們在小說、電影裡見到如同白色駿馬的漂亮神獸差別很大。顯然，最早的獨角獸形象，是歐洲人在異國巨獸——犀牛的基礎上，加以想像創造出來。

明清時代，有些西歐人為了傳播天主教來到中國。除了傳教，他們也帶來西方的地理學著作，包括許多或真或假的動物知識。一六〇二年，義大利人利瑪竇（原名 Matteo Ricci）編繪，中國李之藻出資印製了一幅大型世界地圖，名為《坤輿萬國全圖》。這幅地圖上畫了許多動物，有犀牛，也有獨角獸。當時的獨角獸形象，已經演變很長一段時間，與老普林尼的「犀牛」有明顯的差距，類似今天的「獨角駿馬」。於是，早在《哈利波特》出版幾百年前，我們的老祖先就認識了這種神異的動物（雖然不知道牠只存在於想像中）。

在利瑪竇的時代，西方人對犀牛的認識並不像中國人那般全然「摸不著頭腦」。一五一五年，印度國王送給葡萄牙國王一頭犀牛，德國畫家阿爾布雷希特・杜勒（Albrecht Dürer）根據素描和文字描寫（他並沒有見到真容）製作了犀牛的木版畫，在歐洲很受歡迎，廣泛傳播。畫上的犀牛雖然有些錯誤（背上多出一個小角），但還是相當神似，短腿、粗壯的身軀，鼻上的尖角和厚厚的皮膚，讓人一眼就能認出這是犀牛。

有杜勒的畫作為參考，在利瑪竇的地圖上，犀牛畫得相當不錯。在他之後，又有幾個歐洲傳教士帶來外國動物的知識，中國人又一次見到久違的「真犀牛」。然而，又有個小小的問題，天主教徒們未必知道中文「犀」指的是什麼動物。就算你去問古代的中國人，也很難解決這個問題。沈括的例子已經證明，除了馬歡這樣見多識廣者，即使是活生生的犀牛在面前，只見過犀牛角的中國人，也想不起來這個「犀」字。

在比利時人南懷仁（原名 Ferdinand Verbiest）所作的《坤輿全圖》（名字跟利瑪竇的地圖有點像，但其實是另一幅地圖）裡，犀牛按照歐洲人對這種動物的稱呼被直接翻譯成「鼻角獸」。這對後人的書籍和繪畫，產生了奇特又好笑的影響。

康熙年間編製的《古今圖書集成》，可以說是飛禽走獸、天文地理無所不有的「超級百科全書」，裡面有四腿又細又長，腦頂獨角的中國式「怪犀牛」圖，也有模仿外國地圖畫成、角長在鼻頭上的壯碩犀牛圖。「怪犀牛」被標明是「犀牛」，模仿西方的「真犀牛」，旁邊卻寫著「鼻角獸」。有了形象逼真的犀牛畫，當時的中國人還是不敢相信這個短粗壯實的動物就是他們用來做藥、做酒杯的犀牛角的原主人。

乾隆年間宮廷繪製的動物畫冊《獸譜》，收集了各種現實和想像中的怪獸，有身如小牛的中國式「怪犀牛」，也有模仿歐洲畫成的「鼻角獸」（連杜勒的錯誤——畫到犀牛背上的一個小角，都被中國畫師照搬上去），還有像馬而獨角的外國異獸——獨角獸。於是，在清代的中國，犀牛和牠的兩個「兄弟」——徒有「犀牛」之名的「怪犀牛」，和原型為犀牛卻「減肥」成駿馬體型的獨角獸，合家團圓了。

36

為什麼古生物學家老愛拿化石來製造假故事騙人？為什麼化石容易造假、都有些什麼手法？

每年的四月一日是一個讓人提心吊膽的日子，本文將給大家帶來四個古生物學史上的「騙子」故事，這些騙子的伎倆都不高明，卻成功騙倒了很多聰明人。人很容易被先入為主的觀念所迷惑，而不管騙局多麼拙劣，如果它創造出一種「你的觀點是對的」的幻覺，總有一些（看似）聰明的人會受騙。

貝林格假化石：石化的太陽和上帝名字

在一期《哆啦A夢》的特別節目裡，大雄和哆啦A夢用垃圾堆裡的破爛做成假化石，想開個愚人節玩笑。一位業餘愛好古生物的老先生挖出「化石」之後，卻萬分欣喜，認為這些垃圾都是珍稀的古生物，將成為震動學界的大發現。

這個故事看似荒唐，但在現實中倒可以找到一個極相似的事件。一七二六年，在德國符茲堡（Würzburg），教授兼外科醫生約翰尼斯·巴赫羅馬斯·亞當·貝林格（Johannes Bartholomäus Adam Beringer）出版了一本書《符茲堡的石版》（*Lithographiæ Wirceburgensis*），介紹他在附近山上發現的「化石」。他完全沒有察覺到這些「化石」都出自他同事之手。

符茲堡大學的 J·伊格納茲·羅德里克（J. Ignatz Roderick）和喬治馮·艾克哈特（Georg von Eckhart），對貝林格自高自大的為人感到不滿，想欺騙他一下。羅德里克用石灰石雕成化石的模樣，僱了一個十七歲的少年克里琴斯·燦格（Christian Zänger），把它們藏在山上。然後，這個小孩接受貝林格的僱傭，「帶領」貝林格把這些假化石挖出來。

「借助」三個人的力量，貝林格發現的化石都是空前絕後的奇特發現。有皮有肉的青蛙，蜂和牠的蜂巢，蜘蛛和牠的蛛網。他還發現了太陽（不僅有四射的光芒，還有人的臉）、月亮、星星和上帝的希伯來名字（用多種語言寫成）化石。傳說，貝林格最終發現這是一個騙局，是因為他找到一塊「化石」，上面居然刻著自己的名字。這些東西後來被稱作 lügensteine，意為「說謊石」。

按照今天的眼光看來，相信太陽光可以成為化石，和相信易開罐可以成為化石一樣傻。

但是，考慮任何問題時都不能忘記歷史的因素，用今人的知識和觀念倒推古人是不公平的。

貝林格一廂情願地認為這些化石都是真貨，固然是太輕信，但他在書中展現出一種開放的態度：他承認自己對這些石頭瞭解甚少，他只提供訊息，希望更有智慧的人能參與討論。為了解開這個「未解之謎」，他願盡自己的綿薄之力——直到今天，這種態度都可被稱為「科學」。貝林格生活的時代剛好處在一場古生物學重要爭論的尾聲。化石到底是生物的殘骸，還是礦物裡天然形成的東西？當時人對地球的年齡一無所知，也無從知道如果化石是生物，泥土和掩埋其中的生物殘骸變成石頭需要多漫長的時間。如果化石只是像瑪瑙、鐘乳石那樣形狀奇特的礦物，沒有經過漫長的改變，地球的年齡就可能很短，像傳統的基督教觀點所認為的一樣。

如果太陽光和上帝的名字都能成為化石，則化石一定不是埋起來的生物殘骸，地球的年齡也不會長久。在貝林格的時代，「化石是否為生物」的爭論已接近尾聲，但還未結束。他認為這些石頭有獨特的科研價值，也是合情合理的。

皮爾當人：白人的「歐洲祖先」

科學應該是嚴謹客觀、尊重證據的，但科學既然是「人」的工作，就免不了引入種種的主觀因素。下一個假化石案件，同樣展現出人的不可靠性。

故事開始於一九一二年，大英自然史博物館地質部的主任亞瑟・史密斯・伍德沃德（Arthur Smith Woodward），收到好友——業餘的化石愛好者——查爾斯・道森（Charles Dawson）的消息。道森聲稱，他在皮爾當郡（Piltdown）找到一些古人類的化石碎片，有頭蓋骨，還有下頜骨，這些骨頭的「主人」，被稱為「皮爾當人」（Piltdown man）。後來，道森和他的朋友——即後來成為科學家兼神學家的法國人德日進，他們陸續找到了一些「皮爾當人」的骨頭和牙齒，還有製成工具的石片，以及其他獸類的骨頭。

令人興奮的是，「皮爾當人」擁有人和猿的雙重特徵。它的頭蓋骨腦容量像現代人，下頜和牙齒的形狀卻像猿，牙冠磨損的狀態又像人。一個介於人和猿之間的「原始人」！

大英科學界歡呼著擁抱這個發現。伍德沃德和另外兩個英國人類學家，全力投入到「皮爾當人」的研究中，作為獎勵，他們都獲封了爵士勳位。古人類的化石一向很稀有，人類起源又是十分重要的科學話題。當時法國發現了不少早期智人和尼安德塔人（學名 *Homo neanderthalensis*）的化石，英國人當然會感到有點不忿。「皮爾當人」的出現，大漲了英國人的「志氣」。

「皮爾當人」受到歡迎，也有種族主義的因素，當時在爪哇發現了直立人指名亞種（Homo erectus erectus），二十世紀三四十年代，科學家又發現直立人北京亞種（H. e. pekinensis），也就是「北京猿人」。直立人的腦量大約是現代人的三分之二，但「皮爾當人」

的腦相當大。如果「皮爾當人」是白人的祖先，亞洲的直立人是其他人種的祖先，足以證明白人從「一開始」就比其他人種聰明。後來的分子生物學證據顯示，「北京猿人」和直立人指名亞種都不是智人的祖先，他們的智力高低與智人無涉。但這種表現「白人優越性」的證據，在當時很吃得開。

雖然「皮爾當人」身居高位，關於它的質疑，卻一直沒停止過。隨著古人類研究的越發深入，「皮爾當人」在人類演化史裡的位置越來越奇怪。一九五三年，科學家終於揭露了它的真面目：「皮爾當人」的頭蓋骨是智人的（確實比較古老，但談不到「人類祖先」的程度），下頜骨和牙齒是紅毛猩猩的，石器是人工製造的。獸骨化石倒是真貨，不過是從其他地方拿來的。**這是一堆七拼八湊的東西，被偽裝成古人類化石的樣子。骨頭和牙用鉻酸鹽染過，讓它呈現「古舊」的黃褐色，猿的牙齒經過人工研磨，使它像人類牙冠的樣子。**

這個騙局是誰所做，至今沒有人找到答案。有人認為，作案者是道森，也有人認為，是伍德沃德的敵人在陷害他，還有人認為這根本就是一個玩笑，只是後來形勢一發不可收拾，所有人都陷入「皮爾當人」的狂熱時，始作俑者已經不敢說明這只是一個騙局了。

志留紀微型化石：四億年前的蟻人

和「皮爾當人」一樣，這個故事也涉及人類的起源，但它只成功騙到了一個人，就是它的發現者。

岡村長之助是一位古生物愛好者，在日本名古屋研究從奧陶紀到第三紀的化石，包括微小的無脊椎動物和藻類。相比霸王龍或「北京猿人」，這些化石在大眾看來，是比較「悶」的，也許就是因為他覺得自己的研究太沒有戲劇性，岡村才做出了讓他蜚聲世界的大發現。

一九七七年，他向日本古生物學學會投稿，展示他在長岩山（Nagaiwa Mountain）的驚人發現：一隻鴨子，埋藏在志留紀（距今約四億年前）地層裡，而且只有九公釐長！岡村宣布，這隻鴨子應該取代始祖鳥，成為現代鳥類的最早祖先。

接下來，他又發現了微型狗、微型大猩猩、微型駱駝，微型雷龍和微型樹，全都是幾公釐的大小。牠們都是現代生物的祖先，除了體積微小，跟現代生物全無差別。古板的古生物學界堅持認為，志留紀太過古老，有下頜的魚類剛剛出現，根本不可能有駱駝，更別說微型駱駝了，沒人接受他的偉大發現。岡村把這些神奇微型生物的訊息發表在自己的雜誌，《岡村化石實驗室的原創報告》（*Original Report of the Okamura Fossil Laboratory*）。

微型生物如此繁多，為什麼先前我們都沒有注意到呢？可能是古生物學家看得不夠仔細，微型生物非常善於隱藏自己。在他的雜誌上，岡村展示了一張微體化石照片，它是圓盤形的，好像一圈圈繞起來的繩索。古生物學家一般認為，這是一類原生生物，叫做有孔蟲（學名 *Foraminifera*）。而岡村慧眼獨具，指出這是一條盤踞起來的微型龍。

岡村還發現了現代人類的祖先。他們只有螞蟻那麼大，具有高度發展的文明，已經學會鍛燒石灰，鍛造金屬，還能製造藝術品。岡村興奮地宣布「除了從三．五公釐長到一七〇〇公釐外，人類並沒有發生什麼變化」。

一九九六年，岡村因非凡的生物學成就，榮獲搞笑諾貝爾獎（Ig Nobel Prizes，一個頒發給荒誕滑稽的科學行為的獎項），不過他並未到場領獎。《岡村化石實驗室的原創報告》在一九八六年停止出版，之後再也沒有微型人和微型恐龍的消息。岡村感興趣的另外一個領域是日本的傳說生物野槌蛇（Yokozuchi），也許他轉變了研究方向吧。

遼寧古盜鳥：意外出名的化石販子

「暴龍有羽毛嗎？」這是一九九九年十一月《國家地理》（*National Geographic*）雜誌刊登的一篇文章標題。文章報導了一件奇特的「化石」。乍看上去，它是一隻半鳥半爬行類的奇特動物，鳥類的翅膀，恐龍的尾巴和後腿，名為遼寧古盜鳥（學名 *Archaeoraptor liaoningensis*）。

《國家地理》主編比爾．艾倫（Bill Allen）得知這件化石的存在後喜出望外，發表了這篇長文，向大眾介紹「恐龍是鳥的祖先」這一新知。

沒曾想，過不多久，中國古脊椎動物與古人類研究所的博士徐星發消息給《國家地理》倒了一盆冷水：遼寧古盜鳥是用兩種化石拼起來的，它的上半身是燕鳥（學名 *Yanornis* sp.），下半身則是小盜龍（學名 *Microraptor* sp.）。這兩種動物都產自早白堊世中國遼寧的熱河生物群，遼寧**的化石販子把零碎的化石黏在一起做成一具假標本**。可悲的是，如果沒有淪為騙子牟利的工具，小盜龍和燕鳥的化石都有相當高的科研價值。

其實，對化石稍有經驗的人會發現，**古盜鳥的「兩條」後腿，根本就是一條腿：同一塊蘊含化石的石料，從中劈開之後，就可以得到兩塊印著化石的石板，稱為「正模」和「負模」。古盜鳥的後腿，是同一條小盜龍腿的正模和負模所拼成**。另外，古盜鳥的前半身是仰面朝天躺著，尾巴卻是「趴著」，背面朝天。這具化石不僅是西貝貨，造假的技術還不高明。

艾倫科普不成，卻背上了欺騙大眾的罵名。這裡有他自己的原因。「古盜鳥」沒有經過學者的詳細研究，專業的學術期刊也沒有發表過「古盜鳥」的文章供古生物學界討論。在這時急急忙忙把它公布於眾是違反學界規範的。

發現「古盜鳥」的人之中，有一個是布蘭丁城（Blanding）恐龍博物館（Dinosaur Museum）的館長史蒂芬．柯瑞克斯（Stephen A. Czerkas），另一個是德州大學（University of Texas）的博士蒂莫西．婁文（Timothy Rowe）。他們給「古盜鳥」做過 CT 掃描，發覺這具化石是用不同石塊拼起來的。他們兩人明知化石是假貨還跑到《國家地理》去「獻寶」，這本身就是欺騙行為。

艾倫被柯瑞克斯所騙，而柯瑞克斯是從一個化石走私販子手裡得到這件古盜鳥，所以他也是被化石販子欺騙的受害者。古盜鳥不是第一件造假的標本，也不會是最後一件。遼寧熱河生物群出產質、量俱高的化石，化石的非法買賣成為威脅當地化石資源的一個問題。化石販子比古生物學家動作更快，就像盜墓者比考古學家動作快一樣，都不是好現象。珍貴的化石被走私出境，像「古盜鳥」這樣「完整」的假化石給古生物研究帶來困難。

前面三個故事各有不同，但基本性質是相似的。用假造的證據，去證明帶有個人傾向的觀點，而這些觀點最後被證明是站不住腳的。「古盜鳥」則不然。「恐龍是鳥類祖先」這一理論已得到廣泛承認，中國的化石儲量也很豐富，可以提供充分的證據。然而古盜鳥事件的起因，與其說是化石太少，倒不如說是化石太多（然而，管理水平相對落後）。即便有最好的理論，最好的證據，都可能被騙子所引導，走上歪路，「古盜鳥」就這樣提醒著我們：人是容易被騙的。

37

為什麼動物會展現出如英雄般的舉措？為什麼跑速超高的獵豹在與其他食肉動物鬥爭時往往落敗？為什麼動物被附會有「孝道」？為什麼歐洲人認知中的極樂鳥是沒有腳和翅膀？

大猩猩之死

一九七八年元旦，盧安達，大猩猩迪奇（Digit）被發現死在火山國家公園（Volcanoes National Park）。牠身中五矛，頭、手和腳都被砍掉，心被挖去，旁邊還有一條被牠擊斃的狗。迪奇是戰鬥至死的。偷獵者每人只得到二十美元的報酬。

作為一隻東部山地大猩猩，迪奇魁偉黝黑，有高聳的頭頂和嚴肅的表情，適合出現在《金剛》（*King Kong*）那樣的電影裡。大猩猩是最溫和的猿，牠們只要能吃到一百四十二種植物的莖葉和嫩芽就滿意了。科學家戴安・弗西（Dian Fossey）從一九六三年開始研究大猩猩，她說，她觀察大猩猩三千多個小時，從來沒看見時間長過五分鐘的戰鬥。

迪奇與十三個同伴生活在一起，首領是成年的雄大猩猩伯特叔叔（Uncle Bert），牠的脊背上長著銀色的長毛。迪奇剛成年，已經能和伯特叔叔合作保衛家族。被六名盜獵者襲擊時，牠正在放哨。迪奇的家人安全逃走了，然而牠因此罹難。隨後的夏天，伯特叔叔和牠的妻妾之一瑪喬（Macho），也為了保護三歲的兒子而死。雄性大猩猩是好父親，牠們會抱孩子，給孩子餵食，以及在敵人出現時挺身而出。

目睹這一系列事件後，弗西於一九七八年成立迪奇基金會（Digit Fund），現今改名為戴安·弗西大猩猩基金會（The Dian Fossey Gorilla Fund International），專用於反盜獵。她也經常在國家公園內與助手一起巡邏，拆除陷阱。

一隻動物為了另一隻動物，尤其是為自己的親屬而死，在自然界並不罕見。例如一種叫齒突大頭家蟻（學名 *Pheidole dentata*）的螞蟻，在蟻巢受到攻擊時，兵蟻會纏住敵人，即使粉身碎骨，也不後退，為工蟻和女王的逃走爭取時間。

一隻螞蟻在犧牲自己時，我可以把牠看做一部生化機械，為了基因的延續而自動運轉。但是，對於一隻人科動物，我無法不去猜測當時是哪些激素、哪些情緒主宰了牠的大腦皮層。兩種大猩猩——西部大猩猩（學名 *Gorilla gorilla*）和東部大猩猩（學名 *Gorilla beringei*）的基因與我們九八%相同。牠們有喜歡、憎恨、害怕、憂傷、高興等情緒。

話說回來，我們又有多少理智呢？**我們仍然受制於基因設定好的機關，在我們做了正確的事情時（如談戀愛、吃糖），激素會獎勵我們發達的大腦，產生飄飄欲仙的喜悅。**在這一點上，我們就是猿。當迪奇為了拯救自己的親人，撲向獵人的時候，牠有沒有感到熱血上湧？有沒有一種在人類看來叫做悲壯的情緒？

一九八五年，弗西死在她的工作室裡，頭顱被砍刀劈開，旁邊有她自衛時使用的手槍。沒有人知道她的死因，但是以她的性格和行為，有仇人也不在意料之外。她是戰死的，而且是為了和迪奇相同的理由而死。

悲慘的故事就講到這裡。一九九三年，比利時人克勞蒂·安德烈（Claudine André）在剛果的金夏沙動物園（Kinshasa Zoo）看到她平生所見的一隻倭黑猩猩（學名 *Pan paniscus*）嬰孩，這種猿和我們的關係甚至比大猩猩更近。倭黑猩猩也是感情豐富，大腦發達的動物，失去母親之後，嬰孩會抑鬱而死。在此之前，沒有人養活過倭黑猩猩孤兒。那麼就讓這隻成為第一隻吧。安德烈說。

安德烈在剛果成立了蘿拉雅倭黑猩猩天堂（Lola ya Bonobo），是世界上唯一一個倭黑猩猩的收容所，她為每一隻倭黑猩猩找到一個人類媽媽，隨時抱牠們，撫愛牠們，照料牠們。

現在這個收容所已經拯救七八十隻倭黑猩猩，大多是被偷獵賣為寵物的孤兒。

生命不僅有吃喝的需求，還有情感的需求，情感的力量甚至可以令生者死，死者生。這個道理適用於非洲所有的大猿，不論是匍匐前進、吃樹葉的大猩猩，還是直立雜食的人。

獅子吼

Mapogo的名字來自一家喜歡採取暴力手段的公司，據說這個詞是祖魯語中「無賴」的意思，中文翻譯為「壞男孩聯盟」。牠們是南非的薩比沙私人動物保護區（Sabi Sands Game Reserve）裡的一群雄獅，鼎盛時期共有六頭。獅子因驍勇和恐怖，被賦予太多的意義，壞男孩聯盟更是獅子中的惡棍，牠們在二〇〇六至二〇一〇年的時間裡稱霸一方，捕殺成年長頸鹿，小犀牛、小河馬，大量的野牛，還咬死過五十至六十頭獅子，有時會吞噬同類的肉。

其中最老的一頭雄獅叫恩格拉拉里克（Ngalalalekha），其他五頭是五兄弟。恩格拉拉里克原本是一頭流浪獅，在不到兩歲時加入一個叫斯巴達（Sparta）的獅群，當時統治斯巴達獅群的雄獅群叫西街雄獅（West Street Males）。恩格拉拉里克因為年紀小到不足以對雄獅的地位造成威脅，西街雄獅勉強接受了牠，在獅群裡牠經常挨打，過著寄獅籬下的生活。但是恩格拉拉里克慢慢成長起來，在西街雄獅年邁過世之後，和牠的奶弟，西街雄獅的五個兒子一起接管獅群。

恩格拉拉里克是一頭很大的黑鬃獅，吼聲洪亮，鼻梁上布滿傷疤，驅走過三十隻鬣狗的鬣狗群，敢於和大象對峙，還是個捕獵野牛的好手。

壞男孩聯盟跟保護區裡的許多雌獅交配過。一個叫沙河（Sand River pride）的獅群，有兩頭雌獅，五頭小雄獅，因為不堪壞男孩聯盟的壓力而逃出保護區，結果被獵殺，只有一頭小雄獅活著，回到壞男孩的領地。不知出於什麼原因，恩格拉拉里克趕走攻擊牠的雄獅，讓牠活了下來，但三個月後小獅子還是死了。

二〇一〇年，壞男孩聯盟裡的三頭雄獅在與外來雄獅群的戰鬥中死去。這幫惡棍雖然叱吒風雲一時，如今也走下坡了。

把壞男孩們和恩格拉拉里克的故事直白敘述出來，本身就足夠吸引人，獅子是獅子，牠們天生就是傳奇。

科學可以說，目前沒有證據顯示，這世界上有輪迴。但恩格拉拉里克的經歷似乎說明，草原裡一切的命運都是會重演的，彷彿雨季旱季的更替，太陽月亮的交班。似乎是偶然展現的一個暗示，想要說明某種規則，只是獅子讀不懂，我們也讀不懂，只見到天地的偉大，命運的多舛。

在非洲草原上，天地如同巨大的陶輪，迴轉不止，在泥土中塑造出眾生，又把眾生踏為塵土，它並沒有愛或仇恨，只是向前走去。

獵豹奔騰

一般的貓科動物，會靜靜潛伏在樹木草叢中，緩慢匍匐前進，直到獵物近在咫尺時，才全力發動撲擊。然而獵豹能在一二百公尺距離外起跑，衝向非洲草原上速度第二的瞪羚，以百公里的直線時速超過牠、擊倒牠。獵豹身體的各個細節，都顯示出唯一的目的：這是一部為速度而生的生物跑車，全力一躍七公尺遠，在三步之內從零加速到時速八十公里。

然而，演化上的一切成都伴隨著代價。**為了增加吸氣量，滿足奔跑時巨大的氧氣需求，獵豹的鼻竇擴大，留給犬齒牙根的位置相對地減小，所以牠的犬牙很小。牠的爪也不鋒利，因為它們只能縮回一半，從貓科動物獨有的武器變成了增加抓地力的「跑鞋」。所以獵豹的武器設備遠談不上精良，牠在與其他食肉動物的鬥爭中往往落敗。**

奔跑會產生大量的熱，所以獵豹飛奔只能持續幾秒鐘。否則會因為中暑而面臨生命危險。在草原上，好不容易抓到羚羊的獵豹，經常因為又累又熱，被鬣狗、獅子搶去食物。隨著我們對獵豹瞭解的加深，油然而生的情感一種是同情，另一種是鄙夷，如果我們相信演化可以造就「完美」，適者生存即是強者正確。誰也不會想成為獵豹。

獵豹的極速為牠招來另一項災難。歷史上，這種動物一直被王公貴族飼養，在富豪的遊戲——狩獵之中，牠們追逐獵物的美麗身姿，成為主人炫耀的資本。印度蒙兀兒王朝的皇帝甚至圈養了上千頭獵豹，牠甚至還千里迢迢來到中國，唐中宗的長子李重潤墓裡就有獵豹的圖畫。牠的美麗和華貴更不必說。但獵豹在圈養環境中極難繁殖。人類對野生獵豹的瘋狂捕捉，以及對獵豹所生存的草原的破壞，使牠的種群大大縮減，瀕於滅絕。

獵豹的生存史創傷累累。美國基因組多樣性實驗室的史蒂芬・J・歐布萊恩（Stephen J. O'Brien），卻很有信心地說，只要我們停止捕殺並為獵豹留出足夠的棲息地，這個物種復甦的希望還很大。他和研究員大衛・韋爾特（David Wildt），檢查過人工飼養的獵豹基因，發現這個物種的基因多樣性極小。這說明獵豹都是極少數祖先的後代。在牠們的生存史上，曾有過一場幾乎使獵豹滅族的大災難，比驕奢淫逸的人類獵殺獵豹更早。根據一些變化較快的基因，我們可以推斷，這場浩劫發生在一萬兩千年前，恰逢最近的一次冰河期。

這個物種表現出的生命力和韌勁，經歷多重打擊仍然不減。我們也許一開始就誤會了獵豹，即使是出於「同情」的態度去看待這種動物多災多難的命運，是否也預設了對獵豹的輕視？獵豹不是楚楚可憐的家貓，不需要人類的優待和供養，也不需要同情。

雌獵豹蘇比拉（Subira）出生之前，一條後腿被臍帶纏住而壞死，不得不切除，動物園曾考慮安樂死，但最後牠於一九九四年被送往香巴拉野生動物保護區（Shambala Preserve），直到二〇〇六年牠還活著。牠能跑到五十六公里的時速。眾生都背負著傷痛而仍然存活，三條腿的獵豹，只不過比其他生命更明顯一點而已。

永飛不落之鳥

極樂鳥第一次抵達歐洲是在一五二二年。麥哲倫環球旅行的船隊（只剩一艘）返回西班牙時，他們帶回了巴特汗島（Bachian）蘇丹的禮物：五張奇異、帶著修長華麗羽毛的鳥皮。

在摩鹿加群島和新幾內亞群島之間，這些鳥皮的交易有數千年歷史。群島上的蘇丹用這些羽毛來裝飾頭巾，新幾內亞的原住民把羽毛插在藤編帽子上，製成華麗的羽冠。馬來西亞商人稱這些珍禽 Manuk dewata（神之鳥），葡萄牙人賜名 Pássarosde Col（太陽之鳥）。我們今天稱之為 bird of paradise，意為天堂鳥，樂園鳥，極樂世界之鳥。

異國之物永遠籠罩著浪漫氣息，更何況極樂鳥皮是如此美麗和珍貴。製作極樂鳥皮的時候，會切掉鳥腿和翅膀，歐洲人因此認為，這些鳥沒有腳和翅膀，靠輕盈的羽毛懸浮在空氣中，永向太陽。牠們不沾地上的飲食，只以陽光和天露為生。沒有人見過牠們活著的樣子，因為極樂鳥只有死才落地。

歐洲人首次見到的極樂鳥皮，可能屬於大極樂鳥（學名 *Paradisaea apoda*），牠的學名是生物命名法的創始人林奈所取，**apoda** 涵義就是無腳。順便一提，雨燕科的學名 *Apodidae* 也是無腳。雨燕的腳極小，不良於行，所以這個「無腳」實至名歸。

鳥能飛，因此牠超出地上世界，接近更純淨、更空曠、更遙遠的天空，這是種種信仰之中神與命運所棲止的地方。在靈與肉中，鳥是接近靈的，在神與人中，鳥是接近神的。永不棲止的鳥，更是高舉於一切鳥類之上。牠是屬於天堂的生物。

對「天國仙禽」的狂熱崇拜，也為極樂鳥帶來了危機。十九世紀末到二十世紀初，極樂鳥羽毛和標本裝飾的女帽，是極受歡迎的奢侈服飾，每年有幾萬張極樂鳥皮流入西方國家的大城市，成為貴婦頭上的驕傲。在各國合作努力之下，現在極樂鳥的數目回升了一些，但跨國貿易極樂鳥產品，還是受到嚴禁。

實際上，極樂鳥科（學名 *Paradisaeidae*）大約四十種鳥類的珍貴羽毛，並沒有托舉著鳥進入天國，而是讓它們獲得人間的情愛。華麗的羽毛是雄鳥求偶的飾物。有些極樂鳥的婚服和求婚舞蹈非常壯觀，另一些則非常滑稽。比如華美風鳥（學名 *Lophorina superba*），雄鳥腦後的黑色長羽展開來，形成一個大橢圓，配上胸前的藍綠色羽毛，於是在黑橢圓中間笑開了一張藍綠色大嘴。

一八五七年，著名的生物學家、和達爾文共同提出演化論的亞爾佛德・羅素・華萊士（Alfred Russel Wallace），來到新幾內亞阿魯（Aru）群島尋覓極樂鳥。他在市場中得到了極樂鳥皮，也沒有放過在密林中生活的極樂鳥。當地人告訴他，大極樂鳥求偶的時候，十幾隻鳥會聚集在一棵大樹上比顏競色，此時獵人就會在樹上搭一個棚子，伺機擊落牠們。牠們太專注於求愛，甚至不會注意夥伴（或許是情敵）的死。大極樂鳥的翅膀下方有一捧纖如絲髮的絨羽，在舞蹈時舒展開來，就像一朵染上陽光顏色的白雲。

有趣的是，新幾內亞的本地人，也有他們關於「永不落地」的傳說。他們告訴華萊士，來到新幾內亞的商人，乘坐一艘無比巨大的船，這艘船永遠在海上航行，永不靠岸。南島的鳥和異域的船都具有漂游不定的性質，是否說明對兩個不同地方的人，這兩件東西都意味著朝向陌生世界，不知何時能結束的旅行？

多年以後，王家衛的電影《阿飛正傳》又一次告訴我們，「世界上有一種鳥是沒有腳的」，「飛得累了便在風裡睡覺」。王家衛的無腳鳥要乘風（想必需要極高的技巧）才能得到稍許的歇息，這顯然不是天堂的生活方式，永恆的飛行，不再是高出一切生物的證明，而是居無定所的負累。雨燕沒有極樂鳥的華美羽毛，但飛行本領凌駕於眾鳥之上，牠可以連續飛行十個月不落地，而且確實能在空中睡覺。所以牠倒是更配得上無腳鳥之名。

南天星座中的天燕座（Apus），是以極樂鳥命名。然而中文譯名是取「雨燕」的涵義。極樂鳥的神話已成為歷史，然而，星座極樂鳥的翅膀被繫在天上，成為唯一一隻永不落地的極樂鳥。

猿之哀

在荷蘭漢學家高羅佩（原名 Robert Hans van Gulik）的《長臂猿考》中，轉述了《太平廣記》四四六卷裡的一個故事。主角是晚唐官員王仁裕，他養著從巴山捕來的小長臂猿「野賓」。野賓長大之後，變得桀驁不馴，見誰咬誰，只有在王仁裕身為主人的威嚴下，才稍稍收斂。有一次牠竟跑到一名身分顯赫的武官家中的屋頂上，把房瓦一片片拆下來。大官下令用箭射牠，野賓身手敏捷，毫髮無損。王仁裕想把野賓放歸山林，但牠被放生後還跑回來，他費了很大力氣，才「擺脫」這個野蠻的寵物。

高羅佩在家裡養過多隻長臂猿，在他讀來，這個故事必定有別樣的滋味。野賓認識「主人」的能力，驚人的攀爬雜技，適應山林生活的困難，都與高羅佩在生活中對長臂猿的認識相符。即使對普通人而言，王仁裕的經歷也是一篇迷人的動物小說，人類企圖把野生動物收歸己有，卻在桀驁不馴的野生力量面前醜態百出。不過，野賓故事的喜劇性，很可能掩蓋了這隻動物生命中的一段悲慘經歷。

活捉幼小長臂猿，在冷兵器時代是非常艱難的任務，因為長臂猿生活在人力不可企及的樹冠層，跳躍擺盪，極其敏捷。明人王濟曾在廣西任官，當地人告訴他，需要五百民夫把一個獨山頭的樹砍光，才能抓到走投無路的長臂猿。他們可能故意誇大事實，但足以說明這種動物的難以企及。一個更簡單也更殘忍的獵猿辦法，是殺死樹上的雌猿，奪去牠懷中的幼猿。直到今天，人們依然用這種方法，獵捕各種靈長目的幼崽，在非法寵物市場上交易（養育幾年後，這些慧黠可愛的小猿和小猴，就會變成破壞力極強的野獸），這也是長臂猿面臨滅絕危險的原因之一。

宋代周密《齊東野語》記載了一個著名的「孝猿」故事：一個蕭姓人買到一隻小猿和牠亡母的皮，小猿見到猿皮，抱著號呼跳擲，悲痛而亡。周密還提到他父親在武平的見聞，作為孝猿的旁證：由人飼養的幼猿，睡覺時必須抱著母親的皮，否則不能養活。

稱動物「孝」屬於附會，但小猿抱著猿皮的描寫頗為現實。**幼小的靈長類，不管是猿是猴，都有緊抱母親的天性。甚至在人身上，都能見到這種本能**，剛出生的嬰兒竟可以攥著成人的手指，把自己吊起來。

美國心理學家哈利・哈洛（Harry Harlow）對這一現象進行過詳細的研究。他把幼小的獼猴從母親身邊帶走，給牠兩個「養母」：一個是鐵絲編成、有奶瓶的「硬」母親，另一個是裹著絨布的「軟」母親。小猴終日擁抱著「軟」母親，飢餓難耐時，才去吃幾口奶。哈洛據此得出結論，**對母親的愛戀，至少有一部分是發自天性，比如對一個溫暖、柔軟懷抱的本能渴求**。哈洛設計了很多實驗來考驗「母子之愛」，有些實驗相當殘忍。比如，他在絨布雌猴體內裝上機關，讓它能凸出鋼刺或噴出壓縮空氣，把小猴打傷。小猴不管多麼痛苦，都堅持緊抱牠的假母親。因為在受到傷害時，到母親身旁尋求慰藉，本是理所當然的事。

研究野生黑猩猩的著名科學家珍・古德（Jane Goodall），在野外見過一隻喪母的三歲小黑猩猩。牠經常發呆，花費很長時間去抓白蟻，卻一無所獲，彷彿根本不想捕食，只是像機械般重複著單調的工作。因為過度理毛，牠的腿和手臂都變禿（拔毛和過度理毛，是精神病態的靈長類常有的症狀）。這個孤兒死於脊髓灰質炎，牠是如此憔悴，古德認為這是一種解脫。三歲的黑猩猩基本上斷奶了，也具有很多野外生活的能力，所以牠的痛苦，不太可能是身體上的病痛所致。**感情對這些靈長類來說是像飲食一樣必不可少的東西**。

長臂猿響亮而持久的叫聲，在中國文化裡評價甚高。猿啼主要的作用是震懾同類，宣布領地的所有權，牠的聲音嘹亮、單調，極富穿透力。跟鳴禽相比，長臂猿的歌缺少音樂性，卻彷彿包含某種迫切的情緒，在世世代代的詩人和旅客聽來，是一種莫可究詰的憂傷。

38 為什麼番茄能成為華人餐桌上的最佳配角？為什麼番茄具有極大的可塑性？

番茄在中國是個很有地位的「後生」。它位列世界產量最大的農作物之內，在蔬菜裡僅次於馬鈴薯（馬鈴薯同時是糧食，所以這個冠軍的位置頗有爭議），然而它在中國成名立業，把番茄炒蛋推上「國菜」位置，大概不會超過一百年。

早在明代，番茄已經傳入，然而一直被當成花卉，《群芳譜》說它果實鮮麗，「火傘火珠未足為喻」，並沒有提到吃。老舍的《番茄》寫於一九三五年，說番茄「屁味沒有，稀鬆一堆」，只能給小孩當玩具，藉著西方文化入侵的東風，山東館子裡才有了「番茄蝦夷（仁）兒」，然而只是滴點番茄湯，沒人樂意大口地啃它。

另一段關於番茄的有名趣事是，一九三六年毛澤東用番茄招待美國記者愛德加．史諾

（Edgar Snow），吃法是炒辣椒。領袖還講了番茄在歐洲被誤以為有毒的趣事，聽起來也很難勾起食欲。

番茄的接受史如此艱難，一個可能的原因是它不能自立。炒番茄，熬番茄，無論顏色怎樣鮮豔，都像是血光之災。酸湯爛醬，與「可口」無緣。

發現番茄和雞蛋可以建立聯繫的人，足以彪炳千古。

不知道隔了多久，中國人才驀然回首，發現番茄是紅得發燙的頭牌配角。牛尾有了它精神抖擻，雞蛋有了它活色生香，肉湯、素湯、魚、蝦、豆腐，排著隊等它來增光添彩。中國人的心一下子被番茄染紅了，紛紛表示「不可一日無此君」。北京過去少有大棚菜，老百姓用葡萄糖液的瓶子做番茄罐頭，還有公務員冬天吃生番茄引起懷疑，被查出經濟問題。

最風雅的是江浙菜，番茄燒瓠子瓜毛豆，番茄扁尖煮小塊冬瓜，番茄質弱色嬌女性化，但性子比起清淨淡甜的瓜菜，還是要燥烈一些。呆俊萌嫩的張生遇到了紅娘，必然多戲。

老舍說番茄無味，可是冤枉。它的谷氨酸（麩胺酸）含量特高，因此味鮮，肉裡的核苷酸也是鮮味的物質，兩鮮相遇，有疊加作用。番茄遇上牛尾、牛腩，就是烈火烹油，虞姬遇到霸王，紅臉英雄與紅妝女。牛脂肪肥甘，加上番茄的酸，湯汁有了深度，醇美如酒。

番茄煮熟之後稀鬆，可以說成也蕭何。**正因為稀鬆，番茄具有了極大的可塑性，可以化身湯、醬、汁、粉，形散而神不散，潛居於諸菜之間，貢獻其酸、紅、鮮、香。**香港有一家車仔麵店，用番茄和馬鈴薯熬成湯底，味清而且甜，這兩樣都是蔬菜中鮮味物質含量多者，乍一聽寒酸，細想不得不讚其機智。

貴州紅酸湯，番茄和淘米水發酵過，添加種種香料，口味變重，香氣也轉銳烈，有辣椒之輕狂，無辣椒之苛酷。番茄即使鬧脾氣也有分寸，不會從入口到出口，跟整個消化系統抵死纏綿。番茄醬與速食巨頭的關係自不必說，對於不習慣乳酪和異國香料的中國人，也能撫慰遊子可憐的胃。番茄可說具有國際主義精神。

中國人對「吃」鍾情，各樣蔬菜都可以入詩文，嫩筍雪藕，春韭秋菘，連笨茄子都憑《紅樓夢》狠狠顯貴了一把。可憐番茄寂寂無聞，在文人口中最大的榮耀，也就是陸文夫在《美食家》裡所描述充當炒蝦仁的盅。

不論如何，番茄還是很好吃的，好吃到我敢於預言，將來會有許多文豪寫它。寫這篇文章是為了占一個先機，說不定百年之後，鄙人還能位列「番茄文學史」的頭一名呢。

39

為什麼聯合國要定出「藜麥年」、藜麥是什麼？為什麼藜麥看似無用卻有大用？為什麼說灰菜是有潛力的野菜？

莊子是自然的崇拜者。他愛一切有活氣的東西，野馬、蟲、魚、山木，都寫得活躍生動，他同情烏龜，崇拜野馬，佩服滿是癭瘤的臭椿樹，說它是無用之才，才得以保全生命。在植物裡，「有用」的種類其實不多。

世界上八〇%的農作物產量，來自十二種作物，其中五種是禾本科：小麥、玉米、大米、大麥和高粱。禾本科可謂是有大用。一萬年前剛出現農業的時候，中東人種小麥，非洲人種高粱，南亞人種水稻，我們東亞人種黍子，不約而同都選擇了馴化禾本科植物作為維繫生命的食物。禾本科的產物，被尊為「主食」、「糧食」，支撐著暴增到幾十億的人口大廈。

但說到農業，就不能不提新大陸的文明。跟舊大陸人一樣，美洲人也鍾愛禾本科（玉米），但他們的「主食」並非只有（禾本科）「糧食」一統天下。藜麥（學名 *Chenopodium quinoa*）在安地斯山脈已經種植了幾千年，當地人對它的重視絕不少於舊大陸人對稻麥的重視。印加人每年開耕，種藜麥的第一鍬土，要用金子的工具挖開，收穫的藜麥籽，要貢獻一部分給太陽神。這種神聖的植物，是藜屬（*Chenopodium* spp.）的成員，過去歸為藜科，現在藜科被合併入莧科。

藜麥不屬於「有大用」的禾本科，但它有自己的優點，甚至正因不是禾本科，它可以填補稻麥的死角。比如，**藜麥籽所含的胺基酸，無論是「量」還是「質」，都明顯超過禾本科。賴氨酸這種人體必需的營養，在藜麥裡很多，但在大多數穀物裡很缺乏**。二十世紀七八十年代，中國生產大量的賴氨酸麵包，就是為彌補當時食物單一，大部分營養都來自「糧食」（換句話說，飯勉強夠吃，下飯的菜就不能指望了）的不足。

在現代世界裡，這種植物也受到喜愛。**美國太空總署曾計畫在太空船裡種藜麥給太空人吃，因為它營養全面，主食吃藜麥可以少用好幾種植物滿足人體的需求。聯合國甚至把二〇一三年定為「藜麥年」，希望大家關注這種有特殊價值的作物。**

另外，莧科的莧屬也值得一提。聽到這個名字，你就會想起一粒粒被染成漂亮粉紅色的蒜瓣兒。中國人把莧屬（學名 *Amaranthus*）當蔬菜吃，還能提取漂亮的食用色素。美洲人馴化了莧屬的三種植物，用它們的種子當糧食。莧籽和藜麥一樣含有豐富的胺基酸，可以做粥、麵包和麥片。墨西哥人把它們烤成超小粒的「爆米花」，加上糖，做成一種叫「歡樂」的點心。

莊子對這些被馴化得俯首帖耳、「人工」氣味十足的莊稼，大概沒興趣。但他的書也沒有遺忘藜屬的植物。《徐無鬼》講隱士的住處，說「藜藋柱乎鼪鼬之徑」，藜和藋都是極常見的藜屬野草，長得高大，所以說「柱」。因為相似，甚至植物學家都弄混過它們倆：莊子的時代，稱為「藜」的草，我們今天稱為「杖藜」（學名 *C. giganteum*），莊子的「藋」，則占了「藜」的名字，它還有一個我們很熟悉的名字，「灰菜」（學名 *C. album*）。

這兩種植物的葉子有菱形，也有長一點的舌頭形，帶些小尖角。灰菜嫩芽上帶點玫瑰紅色，杖藜的紅色更深，植株也更大，能長到三公尺，如果不是纖維質的莖，很像小樹。古人用杖藜的稈當手杖。藜屬野草的樣子不好看。一叢一叢粗大而繁茂，站在地裡，油然而生一種荒涼感，讓人覺得缺少管教，沒有山林莽蒼的氣勢。偏偏它們又很能活，不怕旱，不怕鹽鹼，因此成為了常見的雜草。

相比它的兄弟藜麥舉世矚目，灰菜和杖藜的待遇就要冷清多了。有人割它來餵豬餵羊，或者摘嫩芽自食，灰菜的英文諢名「豬雜草」（pigweed），可能就是從此而來。然而獸和人都不覺得它特別有營養。莊子在《讓王》裡說，孔子落魄時，吃的是「藜羹不糝」——即杖藜做的野菜湯，老夫子比美國太空人慘多了。順便說一句，灰菜吃多了，還可能引發過敏性皮膚炎。

不好看，價值低，又繁茂眾多，莊子說不定很欣賞這種「善於」保全自己的植物。但灰菜真的是「無用」之材嗎？在德國的一處沼澤地裡，挖出過一具保存完整、兩千多「歲」的小孩屍體，孩子胃裡發現有灰菜籽。**在歐洲和中國的古蹟裡，也發現過為了吃而採集的灰菜籽。離我們更近的時代，《救荒本草》也有記載，灰菜籽可以做餅。一種植物能夠被馴化，說明它有優點，能受到人類的喜愛。**比如小麥，種子相當大，富營養，而且可以大片大片地生長，在農業產生之前，我們就靠採集野小麥獲得豐盛的食物。吃灰菜籽固然是飢不擇食之舉，但至少說明它是有潛力的。莧科被人類培養出一種接一種非禾本科的「糧食」，也是一個旁證。

「不龜手之藥」能保你大勝越國，高官得坐，也能讓你一輩子在涼冰冰的水裡洗絲綿，大用和無用未必是三兩句話可以說清楚的。

40

為什麼人類會被味覺騙？為什麼近代才出現味覺的第五味？為什麼海鮮會有特別的鮮味、是怎麼產生的？為什麼味精被認為有害人體健康？

難以捉摸的味道

中國的古代人認識世界的方式很樸素，認為一切都與「五」這個數字相關，金木水火土，青黃赤白黑，酸甜苦辣鹹。現代醫學認為，辣椒素通過三叉神經造成灼熱的感覺。從原理上，「火辣辣」屬於觸覺。辣被排除在外，於是很長一段時間內，我們認為人只能品嚐酸、甜、苦、鹹四味。直到十幾年前，科學家們才承認「第五味」的存在。

對此貢獻最大的一個人，是日本的化學家兼發明家池田菊苗教授。在一九〇八年，他發現日本料理經常使用的海帶屬藻類（學名 *Saccharina.* spp.），含有一種胺基酸——谷氨酸——

所形成的鹽，它賦予日式高湯（だし，發音dashi）特殊的美味。池田菊苗專門造了一個詞「うま味」（發音umami，漢字可寫作「旨味」），來表示這種奇特的滋味，意思是「美好的味道」。

池田菊苗藉由此一發現創造出一項改變世界的大發明，而且名利雙收（我們以後還會講到）。然而，歐美國家的文化傳統，並不承認「umami」是一種基礎味道。很長時間以來，「umami」一直存在，卻在科學界沒沒無聞。池田教授的論文在日本發表後近百年，才被翻譯成英文。

我們對「美味」的評價，是綜合嗅覺、觸覺、味覺、視覺（有時還有聽覺）多方面作用的結果，舌頭能感受的味覺，卻是很簡單、很單一的。想要從「美味」的綜合感覺中分離出一種味覺訊息並不容易。所以「第五味」被冷落了許久。

人的味蕾長得像洋蔥，埋在舌頭的表皮下（順便一提，舌頭上凸出的小點叫做「舌乳頭」，不是味蕾，味蕾是肉眼看不到的）。「洋蔥」露出表面的「尖頭」，有特殊的蛋白質覆蓋，稱為味覺受體，這些蛋白質分子與溶解在水中的味道分子，比如糖、鹽等擁抱在一起，然後引發一系列反應，將味道的訊息傳給大腦，我們就嚐到了味道。

在二〇〇〇年人們發現了「第五味」的受體，現在已知有三種，這種味道一躍成為科學家的寵兒。不過，西方傳統文化裡，沒有一個準確的詞來描述它。美國加州大學的麥可．

歐馬霍尼（Michael O’ Mahony）和石井理惠做過一個有趣的實驗，他們找了一些人，有的只會說日語，有的只會說英語，讓他們品嚐這種味道。說日文的人都能找到準確的詞來說明「umami」，說英文的人卻陷入困惑，只能模糊地說，這是一種像鹹味，或者像牛肉清湯的味道。語言可以影響思考。也許正是如此，雖然西餐也使用這種味道，但在美國人看來，「umami」一直難以捉摸。

我們非常熟悉，也非常喜歡的一個詞，可以完美地對應「umami」來描述這種美妙的味道——鮮味。

被騙的舌頭

敏感的味覺是長期演化的產物。味道能幫助我們尋覓有營養的食物，避開含毒的食物，有利於生存和繁衍。我們對味道的愛憎都是有意義的。人類喜愛甜味和鹹味，避開苦味和酸味。甜味說明食物含有能量很高的糖，鹹味則代表人體必需的鹽，苦味和酸味則表示有害物質，如一些植物毒素。

能產生鮮味的物質，包括一些胺基酸種類，如谷氨酸形成的鹽，還有一些種類的核苷酸和有機酸。胺基酸是構成蛋白質的「磚塊」，核苷酸也是常存在於動物肌體內的物質，所以，鮮味標誌著含有豐富蛋白質的肉食。從這方面來說，中文的「鮮」字來自魚，是一個「魚」

加上一個「羊」，倒是比日文「美好的味道」更接近鮮味的本質。

味覺是身體的先驅。食物剛一進嘴，通過味覺引發神經系統的反應，就可以告知消化系統，做好消化特定營養的準備工作。比如，嚐到甜味的時候，胰臟會釋放出胰島素。本能反應很複雜、很高效，但也很容易被欺騙。吃木糖醇，甚至只用甜水漱口不嚥下去，都可以使胰臟開始工作。谷氨酸鹽本身並沒有多少營養，用谷氨酸鹽泡水餵老鼠，老鼠的消化系統就會「以為」即將到來的是蛋白質，加速運轉。

這種易於受騙的天性，驅使人類發明了許多精美的菜餚和調料，其中最年輕的一種是谷氨酸和鈉的鹽——也就是味精。這正是池田菊苗教授的偉大發明，他與企業家鈴木三郎創立了「味之素」公司。直到今天，「味之素」都是世界上最大的味精生產商。最早，人們用小麥裡的蛋白質提取谷氨酸，在二十世紀六〇年代，出現了更高效、汙染更少的新技術，使用善於生產谷氨酸的細菌來製造味精。加一點欺騙人感情的白粉末，速食麵的湯就能變得濃郁可口，加入很多澱粉的蝦條和火腿腸，也能像鮮蝦、鮮豬肉一樣誘人。

其實，名廚精心調製的靚湯，可以說是歷史更悠久，技巧更高超的「鮮味騙局」。日本高湯是一種簡單純粹到抽象程度的「鮮味」菜餚，它是用富含谷氨酸的昆布，和富含肌苷酸（一種核苷酸）的鰹魚乾（也叫「柴魚」、「木魚花」），在六十至六十五度的熱水裡萃取製成。谷氨酸鹽與核苷酸混合在一起，鮮味會大大提升。這種湯只要很少的材料，就能產生強烈的鮮味。

中餐和西餐裡的高湯，成本更高，成分也更加複雜。肉和骨頭經過長時間熬煮，鮮味物質溶解到水裡，蛋白質被分解，又產生更多鮮味物質。最後，肉變得索然無味，粵語稱煲湯的殘肉為「湯渣」，似乎暗示它已經失去價值。其實，大多數的營養物質，比如蛋白質，仍然存留在肉裡。

鮮美佳餚與黑暗料理

在粵菜裡，和「靚湯」可以並列的鮮味烹飪方法是「白灼」，前者是技巧和人工的展現，後者追求天然，呈現本味。

海中特別盛產讓人流連忘返的「白灼」美味，這些動物在肉體中就把靚湯調配好了。海水的含鹽量是三%左右，而生物細胞最合適的礦物質（其中包括鹽）含量大約只有一%，水分會從細胞的「稀」溶液裡滲出，進入外面海水的「濃」溶液裡，也就是所謂的「滲透壓」。這些海生動物的細胞裡含有大量的氧化三甲胺和胺基酸，增加體液的濃度以防變成鹹魚乾，這些胺基酸就是鮮味的來源。

貝類和甲殼類（蝦、蟹等）體內除了胺基酸外，還有比魚類更多的鹽。蝦蟹有一項額外的優惠，牠們體內的胺基酸中，很多是甘氨酸，顧名思義，這種胺基酸不鮮，是甜的。總之，牠們集合了人類鍾愛的各種味道，配得上張岱在《陶庵夢憶》裡的最高讚譽——「不著鹽醋，五味俱足」！

海裡的動物死後，氧化三甲胺會轉化成有惡臭氣味的三甲胺，也就是我們熟悉的「臭鹹魚味」，變成不堪入口的東西。

海鮮的美味如春光般短暫，這使我們再次開始思考，中文之「鮮」隱藏的涵義。它是新鮮的、罕見的，因此顯得格外寶貴。

光陰留不住，但我們有很多辦法為魚蝦的鮮味延壽。日本高湯使用的鰹魚乾就是一個好例子。先用鹽把鰹魚肉煮熟，用木頭燒煙，熏製十來天，讓它的含水量降到二〇%。然後把魚塊放進溫暖的房間裡讓它發霉，長滿黴菌之後，把魚肉拿出來曬乾，再放回去繼續培養。如是重複多次，耗時一兩個月，鰹魚乾才能製成。在這個過程中，魚肉的蛋白質分解，產生味道鮮美的核苷酸與胺基酸。日本廚師使用特製的鉋刀，在硬得像木頭的魚塊上，削下薄薄的小片，除了調湯，還可以灑在菜餚上做調味品。

魚露和蝦醬是我們更熟悉的鮮味海鮮製品。不僅中國人喜歡蝦醬，許多東南亞國家也會製作這些氣味獨特的佳餚，另外，韓國泡菜裡也添加有魚露。它們的製造原理跟鰹魚相似，都是分解蛋白質來產生鮮味物質。但魚露是在露天曬製而成，魚蝦體內含有天然的酶，活的時候用於消化食物，死後就開始分解自己。早在西元前五世紀，古羅馬人就會製造類似魚露的調味品「魚醬」（garum），且視為珍饈。不過，蛋白質分解的過程就是魚蝦腐敗的過程，古羅馬規定城市周圍不能製造魚醬，因為實在是太臭了！

最極端的一種做法，是把魚和少量的鹽密封起來，讓魚體內的酶分解蛋白質。在這個過程中，乳酸菌會產生二氧化碳，把裝魚的罐子撐得滿滿的。一旦開啟，在強大的氣壓推動下，積攢的惡臭物質會一湧而出。這就是世界著名的最臭食品——瑞典鹽醃鯡魚罐頭（Surströmming）。銀鱗閃閃的鮮活生命，變成了黏液噴濺、屍臭襲人的怪物，在這恐怖的景象之下，大多數人都不會注意它鮮不鮮了。

真味何在

一九六八年，一個名為郭浩民（Ho Man Kwok，粵語音譯）的中國移民醫生在《新英格蘭醫學期刊》（*The New England Journal of Medicine*）上發表一篇短文，報告了一個奇怪的現象：有人在吃過中餐館的菜之後感覺不舒服，出現了一些症狀，如心悸、口渴、脖子後面有麻痺感。這位醫生認為是因為中國菜大量使用鹽和味精，讓人吃進太多鈉所導致的反應。期刊的編輯稱之為「中國餐館症候群」（Chinese restaurant syndrome）。由此味精背負上了惡名。科學家和醫生對於味精的危害性非常在意，因此味精成為食品添加劑裡被檢查得最徹底的一種。

然而結果相當令人放心。對老鼠的實驗顯示，味精只有在用量非常大的時候——相當於人類每天吃一斤（可憐的老鼠）——才會出現不良反應。鈉是人體必需的電解質，谷氨酸也是生物體內常見的天然化學物質，神經細胞利用谷氨酸來傳遞訊息。而且，含有谷氨酸的食物很多，許多國家的烹飪方法都會使用谷氨酸。怪罪中國餐館是不合適的。

可能有少數人對味精分外敏感，但這不足以證明味精有毒。有的人對花生或者蝦裡的某些成分過敏，或是無法消化小麥麵筋裡的蛋白質，但這不能證明麵筋對大多數人是有毒的。許多權威機構，例如聯合國糧農組織，都把味精評價為安全的食品添加劑。世界上本沒有百分之百無害的物質，像味精這種程度的「安全」，已經是令人相當放心的了。

味精之所以引起如此大的恐懼，也許是因為它是代表著「化學工業」的「現代產品」，它的來源和成分對大多數人是陌生的。科學的進步，讓我們日常所接觸的事物，越來越超出一般人的知識範疇，對於未知且確實存在危險的東西感到恐懼，是再正常不過的。但我們應該要知道，幫助我們克服恐懼、安全使用味精，仍是科學對這個世界的理解，而不是盲目地反對。

但不可否認的是，味精本身的味道並不佳。谷氨酸鈉只有在一定的濃度下才會產生美味，單吃味精是很噁心的。幾乎所有生物體內的鮮味胺基酸和核苷酸，都保持在一個相對低的濃度，讓我們的舌頭欣喜，又不會多到膩味，彷彿水底之魚，你知道牠的存在，又難以捉摸。池田菊苗說過一句很具智慧的話，如果世界上沒有比胡蘿蔔更甜的食物，我們對甜的定義，也會和鮮味一樣朦朧不清！

鮮味之所以受到喜愛和珍視，可能也是因為它的稀有性。鮮味是如此生動、如此微妙，在味精的時代之前，它總是多多益善，需要名廚用精細手法伺候，才能把神祕的「第五味」請到桌上。味精剝奪了鮮味的稀有性和奢侈感（白糖對甜味做出同樣的事），讓它進入尋常百姓家，變成一種平凡、俗套、廉價的生活必需品。雖然味精對人身體的影響微弱，但在人的精神（飲食文化）上，它可以造成一場變革。

41

為什麼人類比起其他靈長類動物更愛吃肉？為什麼肉的熟度和好吃與否有關？為什麼石頭能證明人類祖先吃過肉？

《禮記》規定，豬牛羊三牲是供給天子的日常飲食，諸侯平時只能吃羊肉，大夫可以吃豬肉和狗肉。當時多數家禽和家畜都用粗飼料餵養，四處走動，如果是牛和馬，還要承擔體力勞動。這種辛苦的生活方式，很難長胖。肉食之稀少，導致「食肉者」的奢侈。煮肉和盛肉的容器，甚至成為代表王權的國之重器——鼎。

殭屍與牙齒的鬥爭

現代工業和農業的進步，使糧食產量大增，可以用精飼料集中餵養牲畜，肉食的「貴族」

意味不再。然而，在今天，我們承認自己「愛吃肉」的時候，還是會油然而生一種莫名的豪氣。大概是因為肉本身具有矛盾的屬性，它與死亡有直接的關係，又是物質享受的象徵，這讓它成為食物裡特殊的一類。例如，鮮嫩的牛排和發黑的死屍具有密不可分的聯繫。

生肉非常堅韌，我們的牙齒和負責咬嚼的肌肉，跟大多數獸類相比都弱得可憐。所以，**烹調肉食的一個重要目的，就是為我們的牙齒提供方便。「嫩」是我們對一塊好肉的要求。一塊白斬雞或牛排的「嫩」，是柔軟而致密，緊密相連又不抵抗牙齒。**東坡肉的「嫩」則是鬆軟、一撥即散，瘦肉纖維呈現如厚織布的漂亮紋理。這兩種口感得自完全不同的烹飪原理。

在六十至六十五度的溫度下，動物肌肉裡的水分會大量外流，而蛋白質緊密地聯繫在一起，變得又硬又乾。所以好牛排要夾生。如果溫度升到七十度，捆綁著肌肉纖維的膠原蛋白就會開始融化成為果凍般的膠質，肌肉纖維會像一捆繩子般散開來。溫度太高會加速肌肉的失水，所以東坡肉的做法是文火慢熱，讓溫度足以融化膠原蛋白，又不至於讓肌肉纖維變得乾硬。

從烹調之前著手，也可以改善肉的質地。現代食品工業常用「濕式熟成」的辦法處理生肉：把屠宰好的肉放入真空袋，在運輸過程中，隨著時間推移，動物體內的酶會分解肌肉的蛋白質，讓肌肉纖維鬆散開來，變得柔軟。跟很多人想的不一樣，肉並不是越新鮮越鮮嫩。

還有一種「乾式熟成」，就是直接把野味和巨大的牛肉塊（有時甚至是半頭牛）掛起來放置在比零度略高的溫度下。這個過程很長，處理中的肉塊看上去很可怕，表面會長霉（當然，黴菌是不能吃的）。如果是牛肉，乾式熟成的過程會長達兩個星期，牛的肥肉主要是飽和脂肪，不容易產生「酸敗味」，也就是俗稱的「哈喇味」（編按：中國北方方言），所以它可以放很長時間而不臭。熟成不僅讓牛肉變嫩，還能增加它的風味。所有生物體內都含有名為「三磷酸腺苷」的物質，簡稱ATP。在動物死後，ATP會逐步被分解，產生有鮮味的肌苷酸。另外，長時間放置，脂肪也會被分解成脂肪酸，具有特殊的香味。

乾式熟成是西方傳統的處理方法。張愛玲在〈談吃與畫餅充飢〉中，用嘲諷的語氣寫道，西方人為了肉嫩，居然把它放到發臭為止，中國的留學生見之蹙眉。然而，美國生態學家兼科普作家奧爾多．李奧帕德（Aldo Leopold）對熟成的描述，卻是精美如詩，吃野果長肥的野鹿，必須掛在樹上，經過「七次霜的冷凍」和「七次太陽的烘烤」，才能成為大地豐饒的象徵。

這是一個顯示文化差異的例子。

因為成本高（熟成過程中，牛肉的水分會流失，使重量下降，還要丟棄發霉腐爛的部分），現在用乾式熟成方法的一般都是昂貴的高級肉。締造上品牛排的過程，其實就是讓一具僵硬的死屍變得不那麼僵的過程。

愛吃肉的大腦

除了眼鏡猴（幾乎只吃昆蟲）以外，人是猿類和絕大多數猴類中食肉最多的種類。黑猩猩非常喜歡吃肉，會獵殺猴子或羚羊，不過，牠們開葷的次數並不多。平均而言，每頭黑猩猩每天只能吃到二十七克的肉。相比之下，非洲波札那（Botswana）的昆族（Kung），以狩獵和採集為生，他們的食物中，平均四〇%的熱量來自肉，在狩獵旺季，甚至可以高達九〇%。

可以說，人是嗜好吃肉的猿。吃肉甚至在我們的演化史上具有非凡的意義。一九六六年在芝加哥大學舉行的一個人類學會議，名為「人，狩獵者」，討論了在人類的演化史上，狩獵和食肉的重要作用。

大多數靈長類的食物都含有大量纖維素和木質素（草、樹葉、嫩枝等）。為了消化這些粗糲的食物，牠們演化出很長的腸子和巨大的胃囊，胃裡生活著特殊的細菌，可以分解纖維素，提高食物的營養價值。很多靈長類，雖然四肢苗條（金絲猴），或肌肉健美（大猩猩）並不肥胖，但身材還是很臃腫，腹部很大，因為牠們的胃腸體積太大了。

人類需要食肉，主要原因是為了供養我們的巨型大腦。大型的猿，比如黑猩猩的腦容量是三百五十至五百五十毫升，而我們的腦容量在一千兩百毫升以上。神經元耗能非常厲害，安靜不動時，大腦要消耗人體能量的二〇％至二五％。換句話說，**大腦是個很「燒油」的器官。我們必須找到高質量的食物才能「供得起」高耗能的大腦**。

另外，節約開支也是增加大腦供能的一個辦法。人類學家萊斯利·艾洛（Leslie Aiello）和彼得·惠勒（Peter Wheeler）比較了人和其他動物的內臟，人的心、肝和腎，都和同等身材的哺乳動物差不多大，但腸和胃只有普通動物的四〇％。內臟也是耗能很大的器官，腸胃小就能節省下許多能量。所以，人類雖然頂著一個大腦袋，耗能卻不算很多。但這也限制了我們的消化能力，不能像其他猿猴那樣吃草為生，只能處理一些容易消化、營養豐富的食物。

雖然我們今天都知道，「聰明」在人類生存史上的價值，但沒有足夠的營養，消耗極大的巨型大腦對我們只是累贅，不是助力。所謂「不飽，力不足，才美不外現」。人類的祖先放棄粗糙的草食，選擇容易消化、能量密度高的肉，以及植物比較「精細」的部分如果子、塊根，「養得起」強大的大腦，大腦強大的認知能力才能成為演化上的優勢，幫助我們在自然選擇中取勝。

石器和烤肉創造人

我們如何證明人類的祖先吃過肉呢？石頭可以提供一些證據。最原始的石器，是用石頭相互敲擊，由此砸落下來的石片邊緣非常鋒利。這東西看似簡單，但要準確、耐心地敲打石頭、製造石片，是相當困難的，需要擁有比普通的猿更高的智力（目前還沒有黑猩猩成功製造過石器）。**有了石器，就可以在動物屍體上剝皮割肉。**

舉個例子。肯亞北部的卡拉里（Karari），在一個代號為「五〇號」、歷史約一百五十萬年的考古發掘點，**科學家找到很多史前人類製造的石片，以及許多碎骨頭，有羚羊骨、河馬骨，還有魚骨。在骨頭上發現了石片劃割的痕跡，說明被人類「光顧」過。**還有一些大骨頭被石頭砸成碎片，很可能是為了取得富含營養的骨髓。

這些骨頭的不幸主人，有些可能是被早期人類獵殺，也有些可能是其他食肉動物的犧牲品。在「五〇號」地點，我們發現，一些沒什麼肉的骨頭上，也有許多石片切過的痕跡，這可能是猛獸的「剩飯」。另外一些考古發現，顯示我們的祖先曾處理整隻的動物，這就很可能是被人類所殺死。

相比茹毛飲血，烤肉當然是人類飲食史上又一進步。英國靈長類動物學家理查德·藍翰提出一個假說：吃熟食在人類演化中發揮了很大作用。藍翰相信人類最早用火的時間是一百六十萬年前，這個時間比科學界一般的觀點早許多。不過，因為古人類點火的遺蹟很難存留，我們現在還無法證實烤肉是何時「發明」的。

無論是生肉，還是植物的塊根、塊莖，燒烤之後質量都會提升一個等級。烹調不僅改善口味，也把肉和素菜變軟，變得更容易消化、更營養。對於我們軟弱的嘴巴和消化系統，是再好不過。一百六十萬年前，我們祖先的大腦在迅速擴大，（當然）需要許多能量，假如藍翰是對的，熟肉熟菜的豐富營養，曾為大腦的演化作出重要貢獻。

藍翰進一步猜想，為了保護珍貴的火種，原始人類必須分工。女人採集植物性食物，燒烤塊莖，防備火焰熄滅，男人狩獵大型動物，隨後將獵物帶回「營地」。於是，火堆把人群聯繫在一起，圍繞著烤肉，社會和家庭的雛形誕生了。在人類這個物種的歷史上，食肉者不鄙，甚至可能前途無量！

42 為什麼人類就是愛吃油的東西？為什麼光用攪拌就能製造出奶油？為什麼動物油脂能判斷牠的生活環境？

肥腰子：珍貴的飽和脂肪

根據古希臘詩人赫西俄德（Hesiod）的記載，普羅米修斯曾把宰好的牛牲分成兩份，讓宙斯來選祭品。一堆看起來是肥肉，另一堆是肉和皮。宙斯歡天喜地拿起一塊牛板油，卻發現下面都是骨頭。由此可見，宙斯也喜好垃圾食品。

在歷史上很長的時間裡，**動物脂肪都被當成難能可貴的美味**。在古埃及的壁畫上，可以看到牛、羚羊等動物，被拴在狹小的圈裡，飼以精料（可能是大麥之類），儘力讓牠們長胖，以得到肥膩的牛肉和油脂。這些大概是王公貴族專享的奢侈品。

對「健康食品」狂熱的現代人，把動物脂肪視為大敵，牛和羊的脂肪更是讓人退避三舍。

反芻動物胃裡的細菌，會把植物裡的不飽和脂肪酸轉化為飽和脂肪酸，所以牛、羊等動物的肥肉裡飽和脂肪含量特高，而飽和脂肪會提高血膽固醇，導致心血管疾病。一般而言，飽和脂肪的熔點比不飽和脂肪高，也就是說，我們平時看到的牛、羊油，要比豬、雞油更「硬」，更容易凝固。孔穎達注解《禮記．內則》：「凝者為脂，釋者為膏」，《說文解字》又有「戴角者脂，無角者膏」的說法，作者觀察生活非常準確。

如果生物體內的飽和脂肪太多，在低溫下就會凝固，而絕大多數跟脂肪有關的生化反應，都需要脂肪保持液態。因此出現了一個有趣的現象：你可以根據動物油脂裡飽和脂肪與不飽和脂肪的比例來判斷牠的生活環境，甚至牠某一部分的體溫。蹄子是動物身上最冷的部位之一，因此被「分配」格外多的不飽和脂肪，從牛蹄裡煮出來的油在室溫下仍是液體。相反，飽和脂肪最多的肥肉，就是深藏體內，暖暖和和的內臟外脂肪組織，也就是「網油」。裹著一層肥油的羊腰子，烤得嗞啦作響，可以對你的心血管造成會心一擊。

雪花牛：越肥越好？

一塊肉味美與否，脂肪有相當大的作用。脂肪細胞把結締組織和肌纖維分隔開，在烹飪時，脂肪細胞所流出的油又可以產生潤滑的作用，所以「肥」對「嫩」的貢獻甚大。經過加熱，脂肪能釋出多種有香味的物質，更進一步增加了風味。現代人仍保留著古人對飽和脂肪的迷戀。不過，不是肥膩的板油，而是紅白錯雜細緻的肌間脂肪。我們給它取了美麗的名字，

「霜降」、「雪花」和「大理石紋」。

美國的牛肉品質標準於一九二七年制定，主要考察兩條：成熟度（年齡）和肌間脂肪的含量。最上品的，是幼齡、肥嫩，密布著大理石般肌間脂肪的牛肉。日本評價牛肉肌間脂肪的標準竟然多達十二個等級，名聞遐邇的「和牛」，肌間脂肪組織的含量可以達到四〇％。

想要優越的肌間脂肪，首先牛要肥。牲畜育肥的基本原理，仍然是古埃及人的那一套：減少活動，多餵高熱量的穀物（還有重要的一個步驟是閹割）。實際上，美國人如此看好「大理石」，一個主要的原因，就是二十世紀二〇年代，美國牧牛業想推動人們購買穀物飼養的肥牛，而不是淘汰下來的奶（瘦）牛。

他們大肆宣傳富含脂肪的「大理石」牛肉之美味，同時詆毀瘦牛肉的名譽。不過，隨著人們越來越偏愛低脂飲食，在一九六五年和一九七五年，美國農業部不得不改變標準，讓瘦一點的牛肉也進入「上等」行列。

奶油：攪拌出奇蹟

另一個比較易得，也更常見的牛油來源是奶油。牛奶中懸浮著許多脂肪的微滴，外層包裹著磷脂和蛋白質，作為乳化劑防止它們黏連。生奶在桶裡放上半天，小油滴就會浮到表面上，這就是原始的鮮奶油。不過，比拿來塗蛋糕的奶油稀薄得多（脂肪含量約二〇％）。現在一般都使用離心機從牛奶裡「搖」出奶油。鮮奶油的「基礎」是水，裡面飽含大量油滴，所以有一種非水又非油、細膩輕軟的口感。

奶油是將濃稠的鮮奶油不停攪拌製成的。在攪拌過程中，小油滴會被打破，相互碰撞，匯合在一起，變成一團團的脂肪。因為飽和脂肪含量高，大團的脂肪在常溫下保持固態，可以像揉麵般「捏」在一起，最後得到的就是結實成塊的油脂。奶油的脂肪含量超過八〇%，它的結構與奶油恰恰相反，以油為「基礎」，其中散布有極小的水滴。

鮮奶油蛋糕的保存期只有一兩天，奶油卻可以放上一兩年，因為奶油是「水包油」，而奶油是「油包水」，細菌無法離開水生存，所以奶油對它們而言，是一個沙漠般的環境。

攪拌奶油得到的另一種產品更加誘人。冰淇淋是冷飲的皇后，和冰棒、刨冰之流不同，它的製作格外費力，因此格外甘美順滑。在冰凍的過程中，冰淇淋裡的水分會凝結成冰晶，攪拌得越多，冰晶越多越細小，讓冰淇淋的質地滑溜細膩。如果你太懶，冰淇淋裡就會滿是咯吱咯吱的冰渣子。另外，攪拌還讓空氣進入冰淇淋，使它變得鬆軟，而不是凍成結實的一坨。特別疏鬆的冰淇淋，空氣可以占到一半的體積。

「二戰」時期，美國空軍發明了戰鬥機造冰淇淋法，把冰淇淋原料裝在有槳葉的罐子裡，掛在機翼上，飛行的強勁氣流推動罐子旋轉，藉由高空的寒冷，在它冰凍的同時完成最充分的攪拌！

43 為什麼語言能力是人類獨有？為什麼語言要從小開始學最好？為什麼八卦對人類的演化有幫助？

猩猩能言？

人之所以異於禽獸者，幾希！自從達爾文證明人類是動物的後代，我們一直在努力證明人與動物的距離並非不可跨越的鴻溝。我們有的東西，動物也應該有。比如，我們會說話，動物也應該禽有禽言，獸有獸語。

毫無疑問，我們毛茸茸的朋友有許多辦法跟同類，甚至跟我們交流訊息。黑面長尾猴（學名 *Chlorocebus pygerythrus*）在不同的食肉動物——比如豹子、蟒蛇、鵰——來襲的時候，會使用不同的聲音向同伴示警。一隻名叫亞歷克斯的灰鸚鵡（學名 *Psittacus erithacus*），以聰明聞名於科學界，牠可以回答科學家的問題，比如：「這塊樹皮是什麼顏色？」

為了讓類人猿說話，科學家做了各種各樣的嘗試。從一九六〇年開始，碧翠斯．加德納和艾倫．加德納夫婦就在教一隻名叫華秀的黑猩猩使用美國手語，他們宣稱，華秀的成績非凡，牠能使用一百三十個單詞，造四個單詞的句子。坎茲（Kanzi）是一隻倭黑猩猩，黑猩猩的近親，研究人員甚至為牠準備了特製的電腦，讓牠用按鍵跟我們人類談話。

不過，華秀對語言缺乏興趣。牠使用手語只是為了要東西（比如吃的），或者吸引科學家的注意。我們都知道，人類的小孩總是嘰哩呱啦，想到什麼說什麼，即使我們都煩了也不停，黑猩猩從來不會告訴你牠在想什麼，或者牠看到什麼有趣的東西。人類天生愛語言，熱衷交流，相比之下，黑猩猩只把語言當成敲門磚，拿來換取獎勵，牠根本不想跟人聊天。

黑猩猩即使學會了一些單詞，組句的能力也極其欠缺。如果華秀想要科學家給牠搔癢，牠會說「我、你、搔癢」或者「你、搔癢、我」。牠沒有能力把詞用適當順序排列來表達不同的意思，換句話說，黑猩猩沒有語法。

中國小說家汪曾祺講過一個頗具黑色幽默的故事：抗戰時期，西南聯大的學生有義務給美國援軍做翻譯。一個學生搞錯了主動和被動，把「日軍包圍了我們」翻譯成「我們包圍了日軍」，美空軍因此錯炸中國軍隊，也為翻譯帶來殺身之禍。由此可以知道語法的重要性。將有限的詞彙，按照一定的規範組成句子，就可以表達無窮多、無盡複雜的意思。這是語言之所以成為語言的關鍵因素。語法規則使人類的訊息交流能力突飛猛進，凌駕於一切動物之上。我們可以學習石斧的製法，讀小說，寫詩和闡述相對論。

更有甚者，加德納夫婦手下一名先天失聰的研究員透露，為了讓研究成果足夠「驚人」，他們把黑猩猩的許多動作，都強行理解成手語，胡亂比畫也算在內。聽力正常的人，有意無意地輕視手語，以為它只是打手勢表達意思而已，但手語其實是有複雜語法結構的語言。真正的手語使用者才知道，黑猩猩的手語能力根本不足以稱之為語言。黑猩猩是人類近親並沒有錯，但現存所有非人動物的交流方法，都算不得真正的語言。

小孩是語言天才

很多人都會有同樣的感觸：學習英語，是一項消耗心血的艱鉅工作，尤其恐怖的是語法，主動、被動、時態、複數、主語、謂語……我們使用中文的時候，幾乎注意不到語法的阻礙。詩人余光中說，中國人不在乎語法，我們把精力都用到作詩的遊戲上。

關於「漢語難學」的笑話那麼多，中國人不可能真的沒有語法。余光中覺得漢語沒有語法，其實是因為我們學習母語的時候年紀小。**嬰兒和幼童對語法有一種天然的親和力。在學習語言方面，任何人、動物和人工智慧都比不上普通的小孩。**幾個月大的嬰兒已經開始咿呀學語，一歲時從周圍人的交談裡學習字義，到了一歲半就能使用三至五十個詞，同時發展出一些理解語法的能力，兩歲半時能夠說三個詞的短句。此後小孩的語言能力突飛猛進，三歲小孩使用語法的複雜、熟練和順暢程度，足以使黑猩猩、鸚鵡、電腦程式和成年人汗顏。

更驚人的是，小孩可以自創語法。語言學家德瑞克．比克頓（Derek Bickerton）研究了夏威夷的語言變化。二十世紀初，這裡聚集很多不同國家的勞工，他們發展出一種簡單的通用語以供交流，沒有固定的語序，句子很短、很簡單，沒有時態。我們把這種簡陋的語言叫做「洋涇濱」（Pidgin）。等到夏威夷工人的第二代出世，原始語言就有了質的飛躍。小孩把洋涇濱當作母語學會，然後發展出複雜的語法規範，變成更複雜、表意更清楚的語言。這時，它就改名叫克里奧爾語（Creole）。

另一個克里奧爾語的例子，發生在中南美洲。尼加拉瓜直到一九七九年才有聾啞學校，學生們為了互相交流，發明出一種笨拙、語法不完全的手語，也就是手語中的「洋涇濱」。幼兒學會這種手語後，它就脫胎換骨了，具有複雜的語法，表現力很強，小孩可以用它講故事、聊天。

新語言的誕生，在歷史上顯然發生過很多次，尤其是曾經成為殖民地的地區。因為殘忍的販奴行為，來自天南海北的人被強行聚集在一起，他們需要一門共通的語言。巴布亞紐幾內亞的官方語言，就是一門克里奧爾語。

《魔戒》（*The Lord of the Rings*）的作者J．R．R．托爾金（J. R. R. Tolkien），為他虛構的世界創造了一門「精靈語」，他的才學受到全世界粉絲崇拜。一個三歲小孩不會自己穿衣服，還會把尿撒進褲子裡，但所能完成的功業卻比托爾金還要偉大。

如果這是一篇宣傳「國學」和「孝道」的文章，我會把小孩的神奇能力歸功於父母苦口婆心的教學。然而這（當然）是恬不知恥的謊言。能把宏大的語法規則瞭解透澈，再灌輸給認知能力極為有限的三歲小孩，這世界上沒有人能做到。更何況，即使我們不刻意跟小孩說話，他們只要能聽到身邊大人說話，就會自動開始學語。

小孩的語法是一種內稟的能力，一種「本能」，像魚會游泳、鳥會飛一樣。雖然我們有了智慧，可以通過理性去瞭解語法的規則，但成年人不能像小孩那樣，如魚在水，順暢自然地運用它、發明它。

我有意否認父母之心的重要嗎？並沒有。創造一個合適的環境，讓小孩可以學習語言，以及學習本身都是重要的。**小孩學習語言能力的黃金時間，是一歲半到六歲，如果在這段期間沒有接觸過語言，語言能力（尤其是語法能力）就會受到無法治癒的損害。**

一九七〇年，在洛杉磯發現一位名叫吉妮（Genie）的十三歲女孩，從小遭受虐待，禁閉在房間裡，沒有機會學說話。逃出這個可怕的家庭後，經過康復訓練，她的智力有了很大提升，但說話的能力仍然很差，她幾乎不能理解語法，不會英文裡基本的問句和否定句。語言像一朵奇花，在一定的「季節」裡開放，過了這個時間就會凋謝。

說話器官和語言基因

一八六一年，巴黎的外科醫生保羅・布洛卡（Paul Broca）遇到一個奇怪的病人。他的發聲器官完好卻不能說話，只能發出「唐」（tan）這個音。這個不幸的人不久後因敗血症而死，布洛卡醫生得以檢查他的腦，發現左腦的額葉（人類大腦中最大的一部分，位於大腦前半部，相當於額頭的位置）上有嚴重的損傷。

為了紀念布洛卡醫生，大腦的這個部分被命名為布洛卡區。後來的發現證明，布洛卡區對語言能力至關重要，此處受傷（例如因為中風）的病人，會出現一種奇特的失語症：具有發聲能力，可以說單個字，智力正常，能理解字的意思，但說話的能力受到很大損害，語言支離破碎。

最值得注意的是，這些病人失去了語法能力。他們可以回答「鎚子能切東西嗎」這樣的問題，說明他們瞭解字義，但他們不知道「我們被日軍包圍」是誰包圍了誰，因為這個問題要靠語法解決。

緊鄰布洛卡區的是韋尼克區，如果這裡出現病變，病人的症狀和布洛卡區受傷正好相反：可以流利地講話，語法大都正確，然而所說的話，都是沒有意義的廢話，也不能聽懂別人說的話。他們仍保留語法，卻失去語言的「意義」。

人腦裡有天賦的「語言區」，就像魚有尾鰭，鳥有翅膀一樣，布洛卡區和韋尼克區是我們掌握語言能力的「硬體」條件。我們還可以上溯一步，去觀察鑄造出「語言器官」的背後推手。

另一種失語症名為特定型語言障礙（Specific Language Impairment，SLI）。這些病人會說話，智力正常，但說得很慢、很吃力，語法甚至不及四歲小孩的水平。

我們可以透過實驗來瞭解這些問題。「wug測試」（Wug Test）是一種檢驗小孩語法能力的方法。給小孩看一些虛構的小怪物畫像，它們都有編造出來的名字，比如「wug」。然後再拿出一張有兩個「wug」的畫，講英語的四歲小孩會說這是「wugs」，表示他們掌握了「複數後面加S」的語法規則（小孩不可能是從別人那裡學會「wugs」，因為這個怪物是創造出來的，別處看不到）。講英語的SLI患者看到「wug」卻要遲疑再三，用不同的字尾試驗，費很大勁才說出「wugs」。他們不是不會語法，而是無法像小孩那樣運用得輕鬆自然。

從這方面來看，SLI患者倒是跟母語非英語的人更有「共同語言」。大多數中國人學英語時，年齡已經太老，喪失了和語法親密融合的能力（汪先生的中文水平有目共睹，可是他的英語跟烏龍翻譯也差不多）。而SLI患者不論老小，都不具備這種能力，你可以把他們看做沒有母語的人。

SLI是一種遺傳性很強的疾病，同卵雙胞胎（兩人的基因完全相同），其中一人有SLI，另一人也有的機率是八〇%，這說明它背後有基因層次的原因。英國有一個家庭，代號為K，一直是心理學家、遺傳學家和語言學家研究的重點對象，K家的老奶奶有SLI，她的五個兒女裡有四名、二十三個孫子女裡有十一名也都是患者。科學家們甚至檢查過這個家庭的基因。他們發現是一段重要的基因出了問題，科學家給這個基因取了代號Foxp2（全稱 Forkhead box p2）。這個基因可以控制許多基因的運轉，對大腦和發聲器官產生廣泛的影響，從而影響到語言的能力。也就是說，它是一個與說話有直接關係的基因，一個「語言基因」。

猴子的大腦裡沒有布洛卡區，在相當於「語言區」的位置上是主管嘴和舌頭運動的區域。Foxp2 基因在非人動物體內也存在，但牠們不會因此學會說話。一種常見的寵物小鳥——斑胸草雀（學名 *Taeniopygia guttata*）如果 Foxp2 基因故障，就只會吱喳亂叫，學不會唱歌。人的語言，是從舊能力（一個很可能的備選，是動物鳴叫的能力）的基礎上，發展出的一種全新能力，就像恐龍的前腿變成鳥的翅膀。複雜、精緻、偉大的語言，為我們這種動物所獨有。

語言學家史蒂芬·平克幽默地說，人類想透過教黑猩猩說話來瞭解自己的語言，就像是大象為了研究自己的鼻子，去教蹄兔（大象的遠親，長相像老鼠的小動物）用鼻子拿起牙籤一樣！

愛八卦的猿

語言是如何演化而來的？**根據演化論，一種複雜精緻的能力，必然經過長期的自然選擇才能塑造出來。**說話能力強的人，在相當長的一段時間內，在生存和繁殖上比不會說話的人占有優勢，才能演化出今天我們的如簧巧舌。毫無疑問，**會說話有許多好處，可以在部落裡培養盟友，瞭解敵人，可以交換有用的訊息（比如哪裡有野果子，怎樣打獵），甚至可以吸引異性。**其中最有趣的一種用途是羅賓·鄧巴（Robin Dunbar）提出來的。

我們都知道，猿和猴非常喜歡梳毛（grooming），也就是「捉虱子」。梳毛宛如人類的送禮，社交價值大於實用價值，最重要的功能不是驅除寄生蟲，而是彰顯偉大友誼。猿和大腦比較發達的猴子，是高度「社會化」的。在猴（猿）群裡，幾隻猴子（猿）會建立親密的夥伴關係，互相幫助，互相保護。夥伴相互梳毛，來保持親密。梳毛中的猴子，大腦會釋放一種叫做「內啡肽」的物質，讓牠覺得放鬆和舒服。

語言就是人類的「捉虱子」。有了語言，我們就可以聊天，用這種辦法代替梳毛，建立親密的夥伴關係。聊天可以一對多，而且可以一邊做雜活，一邊說話，效率比梳毛高很多。人類的語言能力，跟社會互動有密切關係。一項研究顯示，歐洲人有六五%的談話跟社交有關，另外有人統計到，墨西哥一個土著民族有七八%的談話是關於社交的。有了語言，我們可以學習各種高深的知識和深刻的哲理，但大多數時候，人類卻用語言「八卦」，聊家長裡短，人際關係，如此想來是有點浪費。

「八卦」在社會關係上的另一個貢獻，鄧巴認為是防備「人渣」。一群人要團結起來，不是一盤散沙，就要為共同的目標而付出，但這種「人人都獻出一點愛」的組織，本身有它的脆弱性，要是有壞人只想得到不想付出，這個組織就無法維持下去。

「八卦」能成為防範壞人的警報器。如果一個人發現了這種占便宜的「人渣」，聊天的時候就可以告知他人，讓大家都小心防備。而且出於對名聲的考慮，每個人都不敢太造次，害怕被戳脊梁骨。這樣就能維持小團體的團結。這也許就是我們熱衷於講「人渣」和「極品」故事的原因？

天生話癆還是學習專家？

古埃及的法老薩美提克（Psamtik）想知道人類天生是講什麼語言，他把兩個嬰兒關在小黑屋裡養大，照料他們的保母一句話都不許說，結果可想而知。

認為小孩可以不教就會說話，在今天看來很可笑。但我們不得不承認，人類最獨一無二的神奇能力來自於先天的、基因的基礎。**語言本能遵循嚴格的時間表，在一定的時間來，在一定的時間走，小孩的「超級語法能力」隨著年齡遞減，**在青春期完全消失——這也是本能的特點。小鵝在出生十五小時到三天的時間裡，會把任何移動的東西當成媽媽，你可以讓牠跟在任何動物或人後面，過了這段「關鍵期」，小鵝就不再黏人了。

為什麼本能要遵守時間規定呢？一個可能的原因是，本能只有在這段時間內是有用的。小鵝出生後，見到的第一個移動物體應該是媽媽。在原始的生活環境裡，小孩只要學會一門母語就夠了。**大腦神經元耗能巨大，執行完任務之後，就讓它衰退掉，符合經濟節約的標準。**今天有了 IELTS 雅思考試，人類才發現演化的安排之愚蠢，居然把如此寶貴的能力丟掉！

我們是天生的話癆，還是後天的語言學習專家？也許我們永遠無法回答這個基因和後天誰多一點的問題。黑猩猩沒有掌管語言的腦區和基因，不幸的古埃及孩子無法學習說話，兩者的語言能力都十分有限。基因和學習兩者並非對抗的關係，而是相互協作，缺一不可。

人不是被「先天基因」和「後天學習」搶奪的地盤，而是由先天基因構造而來，隨時準備接受後天學習的機器。所有生命都是活躍的，懂得觀察環境、見機行事的精密程式，魚要有水才能游，斑胸草雀要模仿老鳥的鳴叫才能會唱歌。老頑童說過，碗是空的才可以用來吃飯，然而沒有碗也不能盛飯呀。

人之所以異於禽獸，是因為我們在野獸祖先的基礎上演化出獨特的先天本能，然後在獨特的後天環境中接收訊息，構造起獨特的人類身心。而語言，正是這一大堆「獨特」東西的出色代表。

44

為什麼把人性全歸類於教育是不合理的？為什麼森林裡的樹都會生長出細高的樹幹？為什麼仁義的傻瓜好人能在自然界存活？

從電影《大話西遊》到許多日本漫畫，再到電影《大聖歸來》，西遊記被流行文化重寫了無數次，它之所以成為最受大眾歡迎的經典文本，離不開它對普通人性的生動表現。無論是佛祖還是神仙，都頗具「人情味」。唐僧師徒四人歷經重重艱險，終於到達西天。神佛們卻向三藏法師索討「好處費」，一向秉持「真小人」原則的豬八戒都被氣得說不出話來。

日本動畫《搞笑漫畫日和》裡，唐僧師徒四人被塑造成荒誕的搞笑形象，他們都是卑鄙小人，先謀殺了八戒，然後為誰首先登上終點、獲得「抵達西天第一人」的名譽，爭得不可開交。人性真的是如此可悲嗎？互相傷害真的就不能避免嗎？

囚徒的困境

如果你是西天佛爺，如果你夠善良也夠聰明，你可能會高抬貴手，放唐僧師徒抵達天竺，總比大家為了錢吵得面紅耳赤好得多吧。如果大家都是好人，你也當好人，固然很好，但還有更好的選擇：大家都清正廉明，你一個人向唐僧師徒索討黃金，獲得「灰色收入」（編按：工作薪水之外從其他管道獲得的收入）。如果大家都不老實，索討賄賂成為普遍的「潛規則」，你還在當清官，就更蠢了。

結論是，不管孫悟空和那幫神仙是好人還是惡人，你都得做贓官！無論你計畫得多麼好，最後總是以爾虞我詐收場。這就是西遊記留給我們的深刻教訓。

在現實世界中，西遊旅程的情況經常出現，比如對公海漁場的管理。如果大家都不亂捕，讓魚群有休養生息的機會，就可以長久有魚吃。然而「你不撈他撈呀」，如果你老實不亂捕，別人就會藉機大量捕魚，最後，大家都拚命捕撈，全然不顧未來是否可持續發展。

生物界也可以看到類似的例子。森林裡的樹經常長成又細又高、樹冠很小的樣子。能夠光合作用的是樹冠上的葉子，為何要耗費營養，生長細高的樹幹呢？如果大家都長得很矮，可以節省許多精力，但只要有一棵樹長高一點，就能享受更多的陽光，今天我們見到的森林，是所有樹競賽拚命往高處長的結果。

這就是博弈論中經典的難題「囚徒困境」（Prisoner's Dilemma）。這個名字是根據一個寓言所取的：兩名惡人A和B被抓獲，按照他們的罪行，應該判五年監禁，警方還不清楚真實情況，所以要逼供。如果兩人都把嘴閉得緊緊，警方沒有證據，只能判他們一年。但是，如果A出賣B，把所有的罪行都推到B頭上，那麼就是B判十年，A無罪釋放。如果這兩個壞蛋夠聰明的話，他們就應該搶著出賣對方。

總而言之，老實人總是吃虧，聰明人互相坑害，大家最後都沒有好果子吃。

清正廉明的佛爺只能受窮，《搞笑漫畫日和》中的八戒只能遭殃。然而，如果西天我佛和西遊四人組都如此自私，為什麼他們還能一路合作，歷經九九八十一難呢？為什麼他們要堅持到最後，在「最後一哆嗦」之時起內訌呢？

仁義的傻瓜

奇怪的是，人類比我們料想的善良得多，也愚蠢得多。如果你在軋馬路時，有個拿著筆記本的傢伙竄出來問你：如果有一百塊錢給你和一位素昧平生的「路人甲」分，你會怎麼分？不要奇怪，這是博弈論的另一個經典問題，「最後通牒賽局」（Ultimatum Game）。

遊戲規則是錢由你來分，如果分得讓路人甲不滿意的話，他和你就一分錢都拿不到。數學家和經濟學家已經調查了世界各地，從現代都市白領，到亞馬遜叢林的居民，大多都會分兩到四成給陌生的夥伴，而路人甲要是嫌錢太少，就索性連這一點也不要，寧可討個公道。總之，雙方的反應雖然不算大公無私，也算是有情有義了。

你可能覺得這種反應很正常，但如果分錢的人稍微聰明一點，就會想到最後通牒賽局還有別的解法。你可以拿走九十九塊九毛九，只留一分錢給那個倒楣鬼，如果他真的想要，就不能拒絕，否則什麼也拿不到。真正有血有肉的人，並沒有「理性的人」那般無情無義，真是謝天謝地。

考慮到科學家調查的範圍之廣，如果把人性的愚蠢和善良完全歸功於教育，是不合理的。那麼多種文化怎會不約而同地教人要做「善良的傻瓜」？文化千奇百怪，不管你是來自紐約還是亞馬遜，全世界人至少都在某方面是相同的——大腦。

演化心理學（Evolutionary Psychology）**是心理學的新分支，它認為人腦是演化的產物，是用來在自然界生存並繁衍後代的工具，之所以那麼多種文化的人都愚蠢而善良，是因為人類演化而來的本性就是愚蠢而善良**，我們腦子裡都有同一根弦。

然而好人總是在囚徒的困境裡吃虧，這是物競天擇的結果，理應是好人犧牲，留下卑鄙小人，仁義的傻瓜怎麼能在自然界存活呢？

機智的小魚

政治學家羅伯特・艾瑟羅德一直想知道，囚徒的困境有沒有破解的辦法，一九七九年，他邀請學者們來玩一個遊戲。

遊戲規則很類似《搞笑漫畫日和》裡惡搞《西遊記》的故事，只不過是簡化版。參賽者要自己編寫一個電腦程式，遇到別的程式時，可以選擇「合作」（相當於好人的做法，對別人好）和「背叛」（相當於卑鄙小人的做法，傷害別人）。

艾瑟羅德會把這些程式輸入電腦，進行一場大比武，參加比賽的一共有十四個程式，最後得分最高的策略叫做「Tit For Tat」（簡稱TFT），是數學心理學家阿納托爾・拉普伯特提出的。

「Tit For Tat」的涵義是「一報還一報」，你叫它「針鋒相對」或「以牙還牙」也可以，在第一回先合作，然後別人做什麼，他也做什麼，別人跟他合作，他報之以李，別人背叛他，他就報復回去。這是一個非常簡單的程式，居然能取得這樣好的成績，讓艾瑟羅德大吃一驚。

在自然界，也有「一報還一報」的策略存在。德國馬克斯普朗克研究院（Max Planck Institute）的演化生物學主任曼弗雷德・米林斯基（Manfred Milinski），設計過一個巧妙的實驗。三棘刺魚（學名 *Gasterosteus aculeatus*）如果發現自己家附近有大魚，就會派出偵察小隊，去看看大魚肚子餓不餓。偵察隊一般是兩條魚組成，兩條魚都不敢先撞線，誰游到前頭，就要冒著被大魚一口吞掉的風險。

米林斯基在水缸裡放進一條刺魚和一條大魚，然後在刺魚身邊擺一面鏡子，刺魚先是往前游一小段，發現鏡子裡的魚也往前游，就繼續很高興地往前游去。如果把鏡子擺成斜角，這樣刺魚往前游的時候，鏡子裡的魚看上去只往前游了一點點，好像很害怕不敢向前的樣子。真魚看到「同伴」如此膽怯，自己也會賭氣游回去。

刺魚實際上是在玩 TFT 的遊戲，你合作（跟我去偵察）我也合作，你背叛（丟下我逃走）我也背叛。TFT 策略不愚蠢，不至於「被賣了還替別人數錢」，也不會像囚徒般卑鄙，陷入黑吃黑的鬥爭中。力量與善良相結合，胡蘿蔔和大棒兼施才是成功的策略。

回到分錢的問題，和魚類一樣，我們也演化出使用 TFT 的本能。TFT 的原則之一是「先合作」，所以你見到陌生人要表示友好，有錢大家分；之二是「以牙還牙，懲罰壞蛋」，如果你給得太少，對方以為你在背叛他，寧願分文不取，也要對你實施懲罰。如果我們知道，人類既不是純粹的老實人，也不是完全的卑鄙之徒，而是剛柔並濟的 TFT 玩家，就很容易明白，這並不是愚蠢而是睿智。

經濟學家羅伯特．法蘭克（Robert H. Frank）說過，我們憑感情做出的「愚蠢」決定，倒能把我們引向最大利益，而「理性」的卑鄙小人，才是真正的傻瓜。

未來的陰影

既然善良的TFT能成為好策略，師徒四人和西天我佛能一路精誠合作（悟空今天救唐僧，觀音菩薩明天幫悟空……），克服九九八十一難來到天竺，也就不是什麼怪事了。於是問題轉一圈又回到出發點：既然TFT如此厲害，為什麼在旅程的終點，大家還是翻臉了呢？

取經大功告成在即，各路人、神、妖功德圓滿，專等各自上天評職稱了。既然大家馬上就要散夥，不管是四人之間互相傾軋，還是神仙突然獅子大開口索取黃金，都不用擔心將來同伴的報復。這下子，我們面對的情況，又回到殘酷的「囚徒困境」。TFT是以直報怨的策略，它要靠報復來懲罰惡人，如果沒有報復，TFT會變成拔掉牙齒的獅子。

如果說「未來的報復」是TFT的牙齒，那麼它的爪子就是「未來的未知」。在《搞笑漫畫日和》裡，如果三藏一行人知道西行之旅何時會到終點，他們不僅僅會想到「我得在終點做壞事」，也會想到「大家都會在終點作姦犯科」。過第八十難時，不管表現得如何好，都會在八十一難的終點遭到同夥背叛。好人沒好報，還不如當壞人得了。於是大家又決定，過第八十難的時候也要使壞！

再向前推理一步，不管第七十九難時大家表現得如何好，都會在八十難時遭到同夥背叛。於是乎第七十九難，第七十八難……直至第一難，大家都應該互相傾軋，互相背叛……這下還怎麼取經？散夥算啦！

直到三藏一行到達西天，佛祖才告訴他，取經要經歷九九八十一難，你的劫數未夠，不能「過關」。這種做法貌似刁難人，其實很高明。不知道旅程何時結束，四人組也就不知道開始內訌，大家只好互相友善，走一步看一步，歷經劫難重重，始終保持合作……

直到終點在即，大家都看得見，也就知道，做壞事不怕遭報應了。「囚徒的困境」陰魂不散，重新抬頭，於是悟空、八戒、佛祖，大家都開始露出卑鄙小人的一面來……看來，西天真的是個「是非之地」啊。

45 為什麼人類擁有偉大的科學卻無法窮盡宇宙的規則？

魏晉是瘋子的時代。劉伶喝得醉醺醺，光著膀子躺在地板上。看見朋友們滿臉的嘲笑，他吃力支起身子，抬起布滿紅絲的眼睛，結結巴巴地說：「我以天地為房屋，房屋為內衣，倒是你們，為什麼跑進我的褲襠裡來呢？」

不考慮劉伶說此話是否認真。當一個人意識到天地本大（即使他對天地的認識極為有限，比如以為地是方形的，天是由烏龜腳支撐）的時候，當他以關心衣服的注意力去關心宇宙的時候，對他來說，穿不穿衣服，就顯得不那麼重要了。

宇宙如此之大，時間如此之久，這是件可惡的事。地球的直徑超過一萬公里，而銀河系中行星的數目超過十億顆，宇宙中像銀河系這樣的星系大約有一千億個。美國作家約翰・麥克菲（John McPhee）在《盆地與山脈》（*Basin And Range*）中寫道，如果兩臂張開的距離，相當於地球的年紀，用指甲銼一銼，人類的全部文明史就會消失得乾乾淨淨。

這是種開闊的世界觀，然而，這種開闊和滿不在乎的背後是悲涼。「他的悲愁寂寞是來自整個世界，這種意識和感慨是多麼偉大呵！」（出自《聞一多論唐詩》）仰觀宇宙群星，你會覺得，上一分鐘你還埋首其上的事情，讓人哭、笑、幸福、激動、覺得可以為之付出生命的全部事情，甚至整個人類，都不過是宇宙中的飄塵而已。我們卻全身心投注其上，好像這些就是宇宙的全部，真是可笑！關注點不對。「前不見古人，後不見來者。念天地之悠悠，獨愴然而涕下。」——我們與陳子昂的不同，僅僅是我們比他更清楚人類有多小，宇宙有多大而已。

佛洛伊德曾說，人類每一次偉大的科學革命，都是對我們自信的一次衝擊。我們曾自認宇宙的中心，直到伽利略點醒我們，我們曾以為人類是上帝的造物，然而達爾文小心翼翼地指出，我們其實是猿的後裔。

滑稽的是，宇宙本應讓我們看到自己的渺小，卻有一些物理學家認為，我們決定了宇宙之偉大。人擇原理（Anthropic Principle）就是這樣的理論。

眾所周知，地球是一個非常適宜居住的星球，我們生活在地球上，理應感到慶幸。隨便舉幾個例子好了。我們和太陽的距離恰到好處，既不會太近被烤焦，也不會太遠凍成冰塊。

巨大的木星吸引了從宇宙中飛來的小行星和彗星，否則它們就會衝到地球上，把一切砸得稀爛。我們為什麼得天獨厚，生活在地球上，而不在火星、木星或參宿四上？因為在火星上，根本不可能出現智慧生物，也就不會有人提出這個問題！

宇宙中的星球數以億兆計，所以碰巧會有幾個地方出現生命，生命還會回過頭來，感嘆他們是多麼幸運。這就是弱人擇原理。就好比仙鶴為什麼要用一條腿站立，而不是零條腿，如果這樣，牠就要坐到地上了！

強人擇原理更進一步，它不滿足於地球和仙鶴腿這樣的小問題。宇宙中有一些規律，它們似乎有如神助，特別適合人類的存在。比如氫原子發生核融合時釋放出的能量多寡。如果多一點點，所有氫原子都會變成更重的元素，而氫對於生命是必不可少的，比如，它組成許多有機物和水。如果少一點點，這個宇宙就會除了氫，什麼元素都不存在。再比如宇宙的維度——三。一個二維生物，如果牠的消化道像我們一樣，從嘴巴通到肛門，牠就會被自己的腸子切成兩半。

實際上三維世界裡也有消化道只有一端開口、像口袋似的動物，比如珊瑚蟲。但是複雜生物在二次元世界裡很難演化。

在英國天文學家馬丁·芮斯（Martin Rees）的《宇宙的六個神奇數字》（*Just Six Numbers*）裡面，列出六個攸關性命的數值，如果它們不是今天的樣子，人類就不會存在了。

而它們為什麼會是這樣呢？

我希望暫停一下，請大家想一想，這一切意味著什麼。我們提問的對象是什麼。**在地球面前，人類是渺小的，在星系面前，地球是渺小的，在整個宇宙面前，星系是渺小的。然而規律，這些數字，它們不僅僅適用於地球、銀河系，或現在的宇宙。在一千億個星系的空間，在自宇宙開始到終結的時間，它們一直存在，這是規則。**正如美國宇宙學家卡爾．薩根（Carl Sagan）所說：「我們的神是一個小神。」它們嘲笑自古以來，人類企圖創造「偉大」和「神聖」的一切想像力。

強人擇原理提出的答案是：像宇宙中存在億兆的星球一樣，也許存在許多不同的宇宙，也就是著名的「多元宇宙」——許多的宇宙同時存在，或者一個宇宙曾經像鳳凰一樣誕生和毀滅了許多次。在不同的宇宙中，可能有著不一樣的規律，我們碰巧生活在一個規律得天獨厚的宇宙中（核融合釋放的能量剛剛好，維度數剛剛好）。因為其他宇宙的規則，或許根本不可能允許智慧生物的演化和生存——比如只有氫的宇宙，或漫畫一樣的二次元宇宙——也就不會有誰提出這個問題了。史蒂芬．霍金說，那些沒有人的宇宙，雖然它們可能也是非常美的，但不會有人來觀察它們。

人擇原理是驕傲的，與科學教導我們謙遜的大趨勢相比，它顯得尤為驕傲。在宇宙面前，人不一定非要陷入卑微的淵藪，我們可以向宇宙中至高至久的規則提問，發出對宇宙中最偉大事物的究詰，並且想像出比宇宙更大的東西作為答案。

中國詩人聞一多對陳子昂讚歎有加。在他的詩裡，我們在意識到（雖然這意識按照今天看來必定是錯誤百出、十分笨拙）天地本大的時候，並沒有因人的渺小變得冷酷，變成認為人的一切努力都沒有意義，而成為四大皆空的木頭人。一方面，是廣大的宇宙和漫長的時光，另一方面是充滿同情心和熱忱、渺小卻始終生存著的人，正因為渺小，人的生存、愛並奮鬥才顯得尤為悲壯。也許我們注定渺小，但沒有什麼東西能阻止我們去仰望偉大。

參考文獻

[1] 麥特・瑞德里。德性起源 [M]。范昱峰，譯。臺北：時報出版，2000。

[2] 麥特・瑞德里。紅色皇后：性與人性的演化 [M]。范昱峰，譯。臺北：時報出版，2000。

[3] 愛德華・威爾森。社會生物學：新綜合理論 [M]。薛絢，譯。臺北：左岸文化，2012。

[4] 喬治・威廉斯。適應與自然選擇 [M]。陳蓉霞，譯。上海：上海科學技術出版社，2001。

[5] 大衛・巴斯。進化心理學：心理的新科學 [M]。熊哲宏，譯。上海：華東師範大學出版社，2007。

[6] 海倫納・柯若寧。螞蟻與孔雀：耀眼羽毛背後的性選擇之爭 [M]。楊玉齡，譯。上海：上海科學技術出版社，2001。

[7] 愛德華・威爾森。生命的多樣性 [M]。王芷，唐佳青，王周，等譯。長沙：湖南科學技術出版社，2004。

[8] 羅傑・戈斯登。欺騙時間：科學、性與衰老 [M]。劉學禮，陳俊學，畢東海，譯。上海：上海科技教育出版社，1999。

[9] 史蒂芬・奧斯泰德。揭開老化之謎 [M]。洪蘭，譯。臺北：商周出版，2005。

[10] 理查・道金斯。自私的基因 [M]。趙淑妙，譯。臺北：天下文化，2018。

[11] 愛德華・威爾森。昆蟲的社會 [M]。王一民，王子春，馮波，等譯。重慶：重慶出版社，2007。

[12] 史蒂芬・平克。言本能：探索人類語言進化的奧祕 [M]。洪蘭，譯。臺北：商周出版社，2015。
[13] 朱自強。兒童文學論 [M]。青島：中國海洋大學出版社，2005。
[14] 吳其南。從儀式到狂歡：20世紀少兒文學作家作品研究 [M]。北京：人民文學出版社，2014。
[15] 提斯・戈德史密特。達爾文的夢幻池塘：維多利亞湖上的悲劇 [M]。張曉紅，邱麗芸，譯。廣州：花城出版社，2007。
[16] 康拉德・勞倫茲。攻擊的祕密 [M]。王守珍，譯。北京：中國和平出版社，2000。
[17] 卡蘿琳・龐德。生命與脂肪 [M]。俞寶發，譯。上海：復旦大學出版社，2001。
[18] 董枝明，邢立達。龍鳥大傳：恐龍與古鳥的浪漫傳奇史 [M]。北京：航空工業出版社，2010。
[19] 布賴恩・斯威特克。我心愛的雷龍：一本寫給大人的恐龍書 [M]。邢立達、李銳媛，譯。北京：人民郵電出版社，2016。
[20] 哈洛德・馬基。食物與廚藝 [M]。邱文寶，林慧珍，譯。臺北：大家出版社，2010。
[21] 歐雷・莫西森，卡拉夫斯・史帝貝克。鮮味的祕密：大腦與舌尖聯合探索第五味！[M]。羅亞琪，譯。臺北：麥浩斯出版社，2015。
[22] 賈德・戴蒙。槍炮、病菌與鋼鐵：人類社會的命運 [M]。王道還，廖月娟，譯。上海：時報出版，2015。

生物演化的45堂公開課（二版）：從不可思議到原來如此

作　　者　陶雨晴
責任編輯　夏于翔
校　　對　魏秋綢
內頁排版　陳玟憶
封面美術　江孟達工作室

總 編 輯　蘇拾平
副總編輯　王辰元
資深主編　夏于翔
主　　編　李明瑾
業務發行　王綬晨、邱紹溢、劉文雅
行銷企劃　廖倚萱
出　　版　日出出版
地址：231030新北市新店區北新路三段207-3號5樓
電話：02-8913-1005 傳真：02-8913-1056
網址：www.sunrisepress.com.tw
E-mail信箱：sunrisepress@andbooks.com.tw
發　　行　大雁出版基地
地址：231030新北市新店區北新路三段207-3號5樓
電話：02-8913-1005 傳真：02-8913-1056
讀者服務信箱: andbooks@andbooks.com.tw
劃撥帳號:19983379 戶名：大雁文化事業股份有限公司

印　　刷　中原造像股份有限公司
二版一刷　2024年2月
定　　價　480元
I S B N　978-626-7382-80-6

國家圖書館出版品預行編目(CIP)資料

生物演化的45堂公開課：從不可思議到原來如此/ 陶雨晴著. -- 二版. -- 新北市：日出出版：大雁出版基地發行, 2024.02
352面;15×21公分
ISBN 978-626-7382-80-6(平裝)

1.生物演化 2.通俗作品

362　　113000808

圖書許可發行核准字號：文化部部版臺陸字第108002號
出版說明：本書由簡體版圖書《羚羊與蜜蜂：眾生的演化奇景》以正體字在臺灣重製發行，以推廣科普知識。

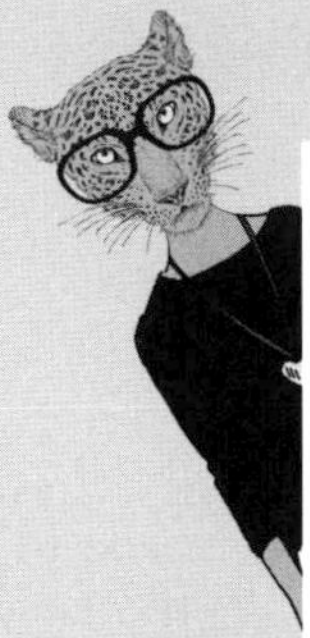